M Lakshmi Prasad
M Padmaja

Estruturas de dados desvendadas: Conceitos e Aplicações

M Lakshmi Prasad
M Padmaja

Estruturas de dados desvendadas: Conceitos e Aplicações

Estruturas de dados

ScienciaScripts

Cover image: www.ingimage.com

This book is a translation from the original published under ISBN 978-620-7-65133-7.

Publisher:
Sciencia Scripts
is a trademark of
Dodo Books Indian Ocean Ltd. and OmniScriptum S.R.L publishing group

120 High Road, East Finchley, London, N2 9ED, United Kingdom
Str. Armeneasca 28/1, office 1, Chisinau MD-2012, Republic of Moldova, Europe
Managing Directors: Ieva Konstantinova, Victoria Ursu
info@omniscriptum.com

Printed at: see last page
ISBN: 978-620-8-52185-1

Conteúdo

Capítulo 1

INTRODUÇÃO AOS DADOS ESTRUTURAS, PESQUISA E ORDENAÇÃO

Resultados do curso

Após a conclusão bem-sucedida deste módulo, os alunos devem ser capazes de

CO 1	**Interpretar** a complexidade do algoritmo utilizando as notações assintóticas.	Compreender
CO 2	**Selecionar** a técnica de pesquisa e de ordenação adequada para um determinado problema.	Aplicar
CO 3	**Comparar** vários tipos de estruturas de dados; em termos de implementação, operações e desempenho.	Analisar

1.1 INTRODUÇÃO ÀS ESTRUTURAS DE DADOS

Uma estrutura de dados é uma forma de armazenar dados num computador para que possam ser utilizados de forma eficiente e permitir a utilização do algoritmo mais eficiente. A escolha da estrutura de dados começa com a escolha de um tipo de dados abstrato (ADT). Uma estrutura de dados bem concebida permite efetuar uma variedade de operações críticas, utilizando o menor número possível de recursos, tanto de tempo de execução como de espaço de memória. A introdução de uma estrutura de dados refere-se a um esquema de organização dos dados ou, por outras palavras, é uma disposição dos dados na memória do computador de forma a que estes possam ser rapidamente disponibilizados ao processador para os cálculos necessários.

Uma estrutura de dados deve ser vista como um conceito lógico que deve responder a duas preocupações fundamentais.

1. Em primeiro lugar, como é que os dados serão armazenados, e
2. Em segundo lugar, que operações serão efectuadas.

Como a estrutura de dados é um esquema de organização de dados, a definição funcional de uma estrutura de dados deve ser independente da sua implementação. A definição funcional de uma estrutura de dados é conhecida como ADT (Abstract Data Type), que é independente da implementação. A forma como os dados são organizados afecta o desempenho de um programa para diferentes tarefas. Os programadores de computador decidem quais as estruturas de dados a utilizar com base na natureza dos dados e nos processos que têm de ser efectuados com esses dados. Algumas das estruturas de dados mais utilizadas incluem listas, arrays, pilhas, filas, heaps, árvores e gráficos.

1.1.1 Classificação das estruturas de dados:

As estruturas de dados podem ser classificadas como

- Estrutura de dados simples
- Estrutura de dados composta
- Estrutura de dados linear
- Estrutura de dados não linear

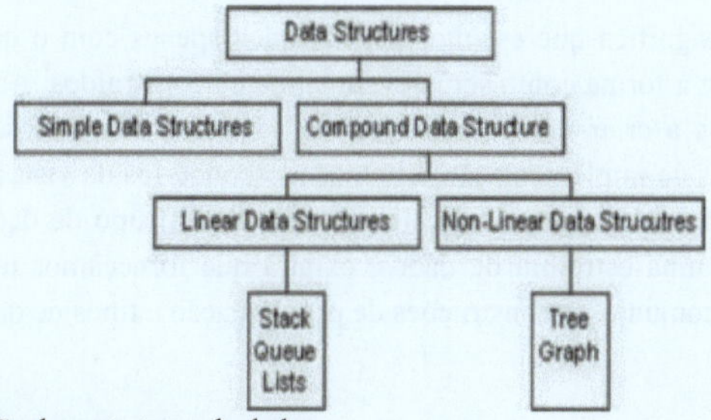

FIGURA 1.1: Classificação das estruturas de dados

Estrutura de dados simples:

A estrutura de dados simples pode ser construída com a ajuda de uma estrutura de dados primitiva. Uma estrutura de dados primitiva é utilizada para representar os tipos de dados normalizados de qualquer uma das linguagens informáticas. As variáveis, as matrizes, os ponteiros, as estruturas, as uniões, etc. são exemplos de estruturas de dados primitivas.

1.1.2 Estrutura de dados composta:

A estrutura de dados composta pode ser construída com a ajuda de qualquer uma das estruturas de dados primitivas e tem uma funcionalidade específica. Pode ser concebida pelo utilizador. Pode ser classificada como

- Estrutura de dados linear
- Estrutura de dados não linear

Estrutura de dados linear:

As estruturas de dados lineares podem ser construídas como uma disposição contínua de elementos de dados na memória. Podem ser construídas utilizando o tipo de dados matriz. Nas estruturas de dados lineares, a relação de adjacência é mantida entre os elementos de dados.

Operações aplicadas à estrutura de dados linear:

A seguinte lista de operações aplicadas a estruturas de dados lineares 1. Adicionar um elemento 2. Eliminar um elemento 3. Percorrer 4. Ordenar a lista de elementos 5. Procurar um elemento de dados

Por exemplo, pilha, fila, tabelas, lista e listas ligadas.

Estrutura de dados não linear:

A estrutura de dados não linear pode ser construída como uma coleção de conjuntos de itens de dados distribuídos aleatoriamente, unidos entre si através de um ponteiro especial (tag). Na estrutura de dados não linear, a relação de adjacência não é mantida entre os elementos de dados.

Operações aplicadas em estruturas de dados não lineares:

A lista seguinte de operações aplicadas a estruturas de dados não lineares.

1. Adicionar elementos
2. Eliminar elementos
3. Visualizar os elementos
4. Ordenar a lista de elementos
5. Procurar um elemento de dados

Por exemplo, árvore, árvore de decisão, gráfico e floresta

1.1.3 Tipo de dados abstrato:

Um tipo de dados abstrato, por vezes abreviado ADT, é uma descrição lógica da forma como vemos os dados e as operações que são permitidas, independentemente da forma como serão implementadas. Isto significa que estamos preocupados apenas com o que os dados estão a representar e não com a forma como serão eventualmente construídos. Ao fornecer este nível de abstração, estamos a criar um encapsulamento em torno dos dados. A ideia é que, ao encapsular os detalhes da implementação, estamos a escondê-los da vista do utilizador. A isto chama-se ocultação de informação. A implementação de um tipo de dados abstrato, muitas vezes referido como uma estrutura de dados, exigirá que forneçamos uma visão física dos dados utilizando um conjunto de construções de programação e tipos de dados primitivos.

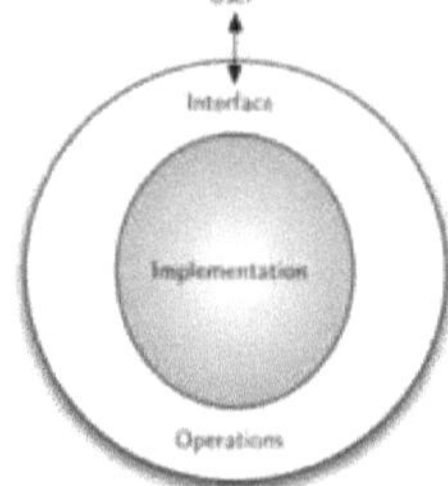

FIGURA 1.2: Tipo de dados abstrato (ADT)

1.2 Algoritmos:

Estrutura e propriedades do algoritmo:

Um algoritmo tem a seguinte estrutura

1. Passo de entrada
2. Etapa de atribuição
3. Etapa de decisão
4. Passo repetitivo
5. Passo de saída

Um algoritmo é dotado das seguintes propriedades:

1. Finitude: Um algoritmo deve terminar após um número finito de passos.
2. Definição: Os passos do algoritmo devem ser definidos com exatidão ou especificados sem ambiguidade.
3. Generalidade: Um algoritmo deve ser suficientemente genérico para resolver todos os problemas de uma determinada classe.
4. Eficácia: as operações do algoritmo devem ser suficientemente elementares para poderem ser escritas em papel e lápis. Não devem ser demasiado complexas para justificar a escrita de outro algoritmo para a operação.
5. Entrada-saída: O algoritmo deve ter determinados inputs iniciais e precisos, e outputs que podem ser gerados tanto nas etapas intermédias como nas etapas finais.

Diferentes abordagens para conceber um algoritmo:

Um algoritmo não impõe uma linguagem ou um modo para a sua expressão, mas apenas exige a adesão às suas propriedades.

Questões práticas de conceção de algoritmos:

1. Para poupar tempo (Complexidade temporal): Um programa que corre mais depressa é um programa melhor.
2. Para poupar espaço (Complexidade Espacial): Um programa que poupa espaço em relação a um programa concorrente é consideravelmente desejável.

Eficiência dos algoritmos:

Os desempenhos dos algoritmos podem ser medidos nas escalas do tempo e do espaço. O desempenho de um programa é a quantidade de memória do computador e o tempo necessário para executar um programa. Utilizamos duas abordagens para determinar o desempenho de um programa. Uma é analítica e a outra é experimental. Na análise do desempenho utilizamos métodos analíticos, enquanto que na medição do desempenho realizamos experiências.

Complexidade temporal: A complexidade temporal de um algoritmo ou de um programa é uma função do tempo de execução do algoritmo ou do programa. Por outras palavras, é a quantidade de tempo que o computador precisa para o executar até à sua conclusão. Complexidade espacial: A complexidade espacial de um algoritmo ou programa é uma função do espaço necessário para que o algoritmo ou programa seja executado até o fim.

A complexidade temporal de um algoritmo pode ser calculada através de uma abordagem empírica ou teórica. A abordagem empírica ou de teste a posteriori exige a implementação dos algoritmos completos e a sua execução num computador para várias instâncias do problema. O tempo de execução dos programas para as várias instâncias do problema é registado e comparado. O algoritmo cuja implementação produz o menor tempo é considerado o melhor entre as soluções algorítmicas candidatas.

Análise de algoritmos

Suponhamos que M é um algoritmo e que n é o tamanho dos dados de entrada. É evidente que a complexidade f(n) de M aumenta à medida que n aumenta. A complexidade f(n) de M aumenta à medida que n aumenta. É normalmente a taxa de aumento de f(n) com algumas funções padrão. Os tempos de computação mais comuns são

O(1), O(log2 n), O(n), O(n log2 n), O(n2), O(n3), O(2n)

Notações assimptóticas:

É frequentemente utilizado para descrever a forma como a dimensão dos dados de entrada afecta a utilização dos recursos computacionais por um algoritmo. O tempo de execução de um algoritmo é descrito como uma função do tamanho de entrada n para um grande n.

Grande oh(O): Definição: f(n) = O(g(n)) (lê-se como f de n é big oh de g de n) se existir um inteiro positivo n0 e um número positivo c tal que -f(n)-< c-g(n)- para todo n> n0 . Aqui g(n) é o limite superior da função f(n).

Omega^): Definição: f(n) = Ω^(π)) (lê-se como f de n é ómega de g de n), se existe um inteiro positivo n0 e um número positivo c tal que -f(n)-> c -g(n)- para todo n> n0. Aqui g(n) é o limite inferior da função f(n).

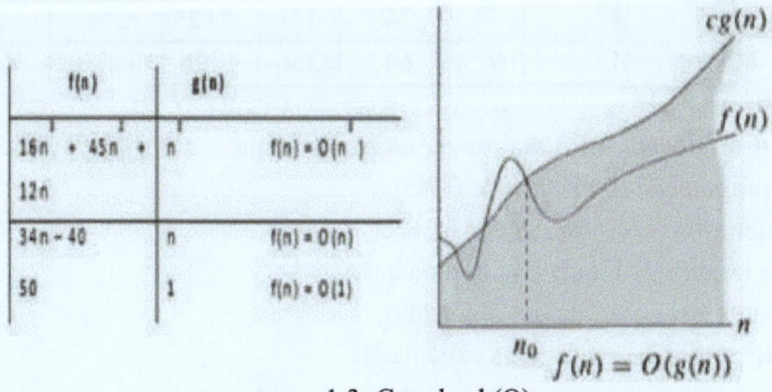

FIGURA 1.3: Grande oh(O)

Theta(θ): Definição: f(n) = θ (g(n)) (lê-se f de n é theta de g de n), se existir um inteiro positivo n0 e duas constantes positivas cl e c2 tais que cl -g(n)-< -f(n)-< c2 -g(n)- para todo n> n0. A função g(n) é simultaneamente um limite superior e um limite inferior da função f(n) para todos os valores de n, n> n0 .

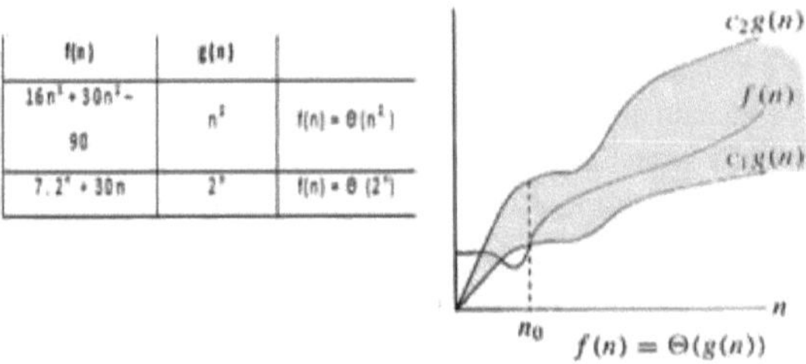

f(n)	g(n)	
$16n^2 + 30n^2 - 90$	n^2	$f(n) = \Theta(n^2)$
$7.2^n + 30n$	2^n	$f(n) = \Theta(2^n)$

FIGURA 1.4: Theta

Pequeno oh(o): Definição: f(n) = O(g(n)) (lê-se como f de n é pouco oh de g de n), se f(n) = O(g(n)) e f(n) Ω&π)).

Complexidade temporal:

Complexidades temporais de vários algoritmos:

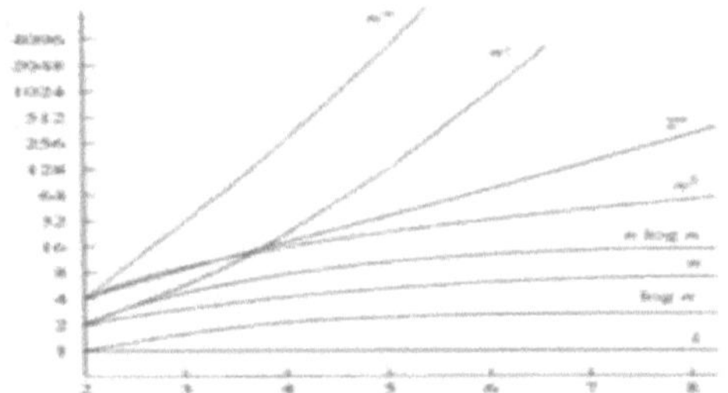

FIGURA 1.5: Complexidades temporais de vários algoritmos

Comparação numérica de diferentes algoritmos:

QUADRO 1.1

S.N.	log2n	n	nlog2n	n2	n3	2n
1.	0	1	1	1	1	2
2.	1	2	2	4	8	4
3.	2	4	8	16	64	16
4.	3	8	24	64	512	256
5.	4	16	64	256	4096	65536

Razões para analisar algoritmos: Para prever os recursos que o algoritmo requer

- Tempo de computação (consumo de CPU).
- Espaço de memória (consumo de RAM).
- Consumo da largura de banda de comunicação.

1. Prever o tempo de execução de um algoritmo

- Número total de operações primitivas executadas.

1.2.1 Algoritmos recursivos:

Desenho do GCD: Dados dois números inteiros a e b, o maior divisor comum é encontrado recursivamente usando a fórmula

Desenho de Fibonacci: Para iniciar uma série de Fibonacci, precisamos de conhecer os dois primeiros números

Diferença entre Recursão e Iteração:

1. Diz-se que uma função é recursiva se se chamar a si própria repetidamente dentro do seu corpo, enquanto as funções iterativas são funções imperativas baseadas em ciclos.
2. A recursão utiliza a pilha, enquanto a iteração não utiliza a pilha.
3. A recursão utiliza mais memória do que a iteração, uma vez que o seu conceito se baseia em pilhas.
4. A recursão é comparativamente mais lenta do que a iteração devido à condição de sobrecarga de manutenção de pilhas.
5. A recursão torna o código mais pequeno e a iteração torna o código mais longo.
6. A iteração termina quando a condição de continuação do ciclo falha, enquanto a recursão termina quando um caso base é reconhecido.
7. Ao utilizar a recursão, são criados vários registos de ativação na pilha para cada chamada, ao passo que na iteração tudo é feito num único registo de ativação.
8. A recursão infinita pode fazer crashar o sistema, enquanto o looping infinito utiliza repetidamente os ciclos da CPU.
9. A recursão utiliza uma estrutura de seleção, enquanto a iteração utiliza uma estrutura de repetição.

Tipos de recursão:

A recursão é de dois tipos, dependendo do facto de uma função se chamar a si própria a partir de si própria ou de duas funções se chamarem mutuamente. O primeiro é designado por recursão direta e o segundo por recursão indireta. Assim, existem dois tipos de recursão:

- Recursão direta

Recursão indireta

A recursão pode ainda ser classificada como:

- Recursão linear
- Recursão binária
- Recursão múltipla

Recursão linear:

É o tipo mais comum de recursão em que a função se chama a si própria repetidamente até que a condição de base [caso de terminação] seja atingida. Quando a condição de base é atingida, os resultados são devolvidos à função que os chamou. Se uma função recursiva for chamada apenas uma vez, é designada por recursão linear.

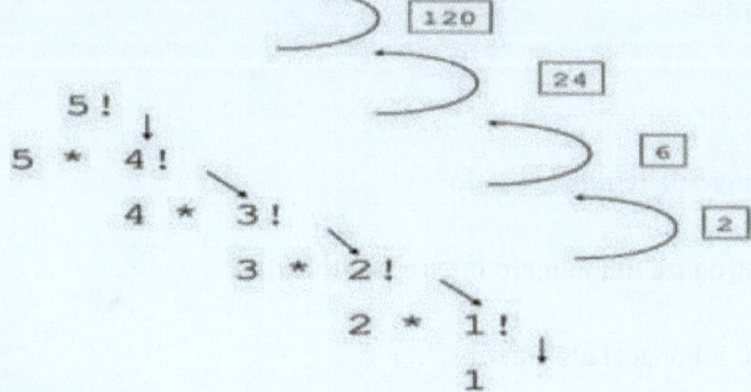

FIGURA 1.6: Recursão linear

Recursão binária:

Algumas funções recursivas não têm apenas uma chamada para si próprias; têm duas (ou mais). As funções com duas chamadas recursivas são designadas por funções recursivas binárias.

Exemplo 1: A função fib de Fibonacci é um exemplo clássico de recursão binária. Os números de Fibonacci podem ser definidos pela regra:

fib(n) = 0 se n for 0,

= 1 se n for 1,

= fib(n-1) + fib(n-2) caso contrário

Por exemplo, os primeiros sete números de Fibonacci são

Fib(0) = 0

Fib(1) = 1

Fib(2) = Fib(1) + Fib(0) = 1

Fib(3) = Fib(2) + Fib(1) = 2

Fib(4) = Fib(3) + Fib(2) = 3

Fib(5) = Fib(4) + Fib(3) = 5

Fib(6) = Fib(5) + Fib(4) = 8

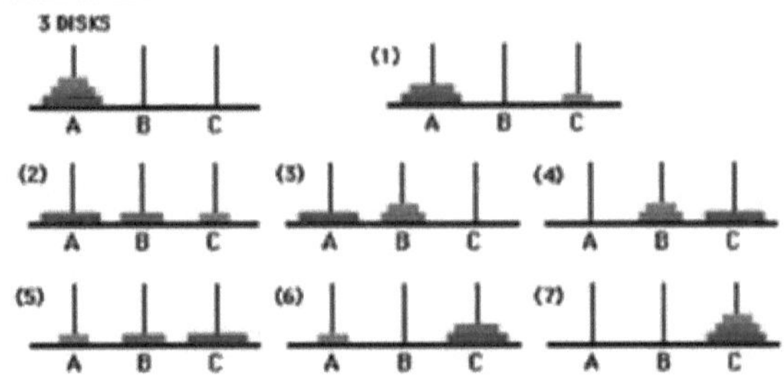

Figura 1.7: Recursão binária

```
#   Programa para visualizar a sequência de Fibonacci até ao n-ésimo termo, em que n é fornecido pelo utilizador
#   alterar este valor para obter um resultado diferente
ntermos = 10
#   descomentar para receber a entrada do utilizador
#nterms = int(input("Quantos termos? "))
# dois primeiros termos
n1 = 0
n2 = 1
contagem = 0
# verificar se o número de termos é válido
se nterms ¡= 0:
print("Por favor, introduza um número inteiro positivo")
elif nterms == 1:
print("Sequência de Fibonacci até",nterms,":")
print(n1)
e mais:
print("Sequência de Fibonacci até",nterms,":")
enquanto a contagem ¡ nterms:
```

print(n1,end=' , ')
n-ésimo = n1 + n2
# atualizar valores
n1 = n2
n2 = enésimo
contagem += 1
Recursão da cauda:
A recursão de cauda é uma forma de recursão linear. Na recursão de cauda, a chamada recursiva é a última coisa que a função faz. Muitas vezes, o valor da chamada recursiva é devolvido. Como tal, as funções recursivas de cauda podem ser facilmente implementadas de uma forma iterativa; retirando a chamada recursiva e substituindo-a por um ciclo, o mesmo efeito pode geralmente ser alcançado. De facto, um bom compilador pode reconhecer a recursão de cauda e convertê-la em iteração, de modo a otimizar o desempenho do código.
Um bom exemplo de uma função recursiva de cauda é uma função para calcular o GCD, ou Maior Denominador Comum, de dois números: def fatorial(n):
se n == 0: devolve 1
else: return fatorial(n-1) * n
def tail fatorial(n, accumulator=1):
se n == 0: devolve 1
senão: return tail fatorial(n-1, acumulador * n)
Algoritmos recursivos para Fatorial, GCD, Série de Fibonacci e Torres de Hanói:
Fatorial(n)
Entrada: número inteiro n 0
Saída: n!
1. Se n = 0, devolver (1)
2. else return prod(n, fatorial(n 1))
GCD(m, n)
Entrada: números inteiros m ¿ 0, n 0
Saída: gcd (m, n)
1. Se n = 0, devolver (m)
2. else return gcd(n,m mod n)
Complexidade temporal: O(ln n)
Fibonacci(n)
Entrada: número inteiro n 0
Saída: Série de Fibonacci: 1 1 2 3 5 8 13
1. se n=1 ou n=2
2. então Fibonacci(n)=1
3. senão Fibonacci(n) = Fibonacci(n-1) + Fibonacci(n-2)

1.2.2 Torres de Hanói

Entrada: O objetivo do problema da torre de Hanói é mover os n discos iniciais de tamanhos diferentes da agulha A para a agulha C usando uma agulha temporária
B. A regra é que nenhum disco maior deve ser colocado acima do disco menor em qualquer agulha durante o movimento ou em qualquer momento, e apenas a parte superior do disco deve ser movida de cada vez de qualquer agulha para qualquer agulha.
Saída:

1. Se n=1, mover o disco único de A para C e regressar,
2. Se n¿1, mover os n-1 primeiros discos de A para B usando C como temporário.
3. Deslocar o disco restante de A para C.
4. Mover os n-1 discos de B para C, utilizando A como temporário.

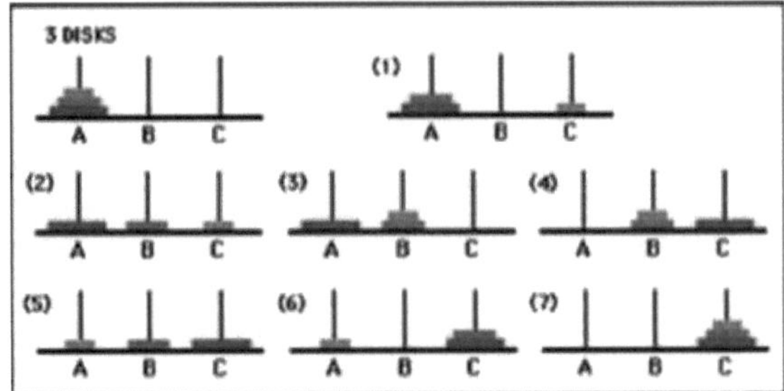

FIGURA 1.8: Torres de Hanói

```
def TowerOfHanoi(n , from rod, to_rod, aux_rod):
se n == 1:
print "Move disk 1 from rod",from _rod, "to rod",to _rod
retorno
TowerOfHanoi(n-1, from rod, aux rod, to_rod)
print "Move disk",n, "from rod",from_rod, "to rod",to_ rod
TowerOfHanoi(n-1, auxrod, to_rod, from_rod)
n = 4
TowerOfHanoi(n, 'A', 'C', 'B')
```

1.3 Técnicas de pesquisa:

Pesquisa linear: A pesquisa é um processo de procura de um determinado item de dados a partir de uma coleção de itens de dados com base em critérios específicos. Todos os dias efectuamos pesquisas na Web para localizar itens de dados contidos em várias páginas. Normalmente, uma pesquisa é efectuada utilizando uma chave de pesquisa e responde a Verdadeiro ou Falso com base no facto de o item estar presente ou não na lista. O algoritmo de pesquisa linear é o algoritmo mais simples para efetuar uma pesquisa sequencial e esta técnica repete a sequência e verifica um item de cada vez, até encontrar o item pretendido ou até todos os itens terem sido examinados. Em Python, o operador "in" é utilizado para encontrar o item pretendido numa sequência de itens. O operador in simplifica a tarefa de pesquisa e oculta os pormenores do funcionamento interno.

```
if key in theArray :
   print( "The key is in the array." )
else :
   print( "The key is not in the array." )
```

```
>>> 15 in [3,5,2,4,1]
False
>>> 3 in [3,5,2,4,1]
True
>>>
```

FIGURA 1.9: Pesquisa linear

Considere uma matriz unidimensional não ordenada de números inteiros e precisamos de verificar se o valor 31 está presente na matriz ou não, então a pesquisa começa com o primeiro elemento. Como o primeiro elemento não contém o valor pretendido, o elemento seguinte é comparado com o valor 31 e este processo continua até que o elemento pretendido seja encontrado na sexta posição. Da mesma forma, se quisermos procurar 8 na mesma matriz, então a pesquisa começa da mesma forma, começando pelo primeiro elemento até encontrar o elemento pretendido. Na pesquisa linear, não podemos determinar se um determinado valor de pesquisa está ou não presente na sequência até que toda a matriz seja percorrida.

Código fonte:

```
def linear_search(obj, item, start=0):
for i in range(start, len(obj)):
se obj[i] == item:
retorno i
regresso -1
arr=[1,2,3,4,5,6,7,8]
x=4
result=linear_search(arr,x)
se resultado==-1:
print ("elemento não existe")
e mais:
print ("o elemento existe na posição %d" %result)
```

Complexidade temporal da pesquisa linear:

Qualquer algoritmo é analisado com base na unidade de computação que realiza. Para a pesquisa linear, precisamos de contar o número de comparações efectuadas, mas cada comparação pode ou não procurar o item desejado.

QUADRO 1.2

Caso	Melhor caso	Pior caso	Caso médio
Se o item estiver presente	1	n	n / 2
Se o item não estiver presente	n	n	n

Pesquisa binária: No algoritmo de pesquisa binária, a chave de destino é examinada numa sequência ordenada e este algoritmo começa a pesquisar com o item intermédio da sequência ordenada.

a. Se o item intermédio for o valor alvo, então o item de pesquisa é encontrado e devolve True.

b. Se o item de destino ¡ item intermédio, procurar o valor de destino na primeira metade da lista.

c. Se o item de destino for o item do meio, então procura o valor de destino na segunda metade da lista.

Na pesquisa binária, como a lista está ordenada, podemos eliminar metade dos valores da lista em cada iteração. Por exemplo, se quisermos procurar 10 numa matriz ordenada de elementos, começamos por determinar o elemento do meio da matriz. Como o elemento do meio contém 18, que é maior do que o valor pretendido 10, podemos eliminar a segunda metade da lista e repetir o processo para a primeira metade da matriz. Este processo repete-se até o item pretendido ser localizado na lista. Se o item for encontrado, o resultado é Verdadeiro, caso contrário, é Falso.

Código fonte:

```
matriz =[1,2,3,4,5,6,7,8,9]
def binary _search(searchfor,array):
limite inferior=0
limite superior= len(array)-1
found=False
enquanto found==False e lowerbound¡=upperbound:
ponto médio=(limite inferior+limite superior)//2
se matriz[ponto médio]==procurar:
encontrado =Verdadeiro
retorno encontrado
elif matriz[ponto médio]¡searchfor:
limite inferior=ponto médio+1
e mais:
upperbound=midpoint-1 return found searchfor= int(input("what are you searching for?"))
se binário _search(searchfor,array) :
print ("elemento encontrado")
senão:
print ("elemento não encontrado")
```

Complexidade temporal da pesquisa binária:

Na Pesquisa Binária, cada comparação elimina cerca de metade dos itens da lista. Considere uma lista com n itens, então cerca de n/2 itens serão eliminados após a primeira comparação. Após a segunda comparação, serão eliminados n/4 itens da lista. Se este processo for repetido várias vezes, restará apenas um item na lista. O número de comparações necessárias para chegar a este ponto é n/2i = 1. Se resolvermos para i, obtemos i = log n. O número máximo de comparações é logarítmico por natureza, pelo que a complexidade temporal da pesquisa binária é O(log n).

QUADRO 1.3

Caso	Melhor caso	Pior caso	Caso médio
Se o item estiver presente	1	O(log n)	O(log n)
Se o item não estiver presente	O(log n)	O(log n)	O(log n)

Pesquisa de Fibonacci: É uma técnica baseada na comparação que utiliza números de Fibonacci para procurar um elemento numa matriz ordenada. Segue a abordagem "dividir para conquistar" e tem uma complexidade temporal O(log n). Se o elemento a procurar for x, a ideia é encontrar primeiro o número de Fibonacci mais pequeno que seja maior ou igual ao comprimento de uma dada matriz. Seja o número de Fibonacci fib(n-ésimo número de Fibonacci). Utiliza-se o (n-2)º número de Fibonacci como índice e diz-se que é i, depois compara-se a[i] com x, se x for o mesmo, então devolve-se i. Caso contrário, se x for maior, então procura-se na sub-matriz a seguir a i, ou então procura-se na sub-matriz antes de i.

Código fonte:

```
# Programa Python3 para pesquisa de Fibonacci.
from bisect import bisect_left
# Devolve o índice de x se estiver presente, caso contrário
# devolve -1
def fibMonaccianSearch(arr, x, n):
# Inicializar números de fibonacci
fibMMm2 = 0 # (m-2)'th Fibonacci No.
fibMMm1 = 1 # (m-1)'th Número de Fibonacci
fibM = fibMMm2 + fibMMm1 # m'th Fibonacci
# fibM vai armazenar o valor mais pequeno
# Número de Fibonacci maior ou igual a
enquanto (fibM ¡ n):
fibMMm2 = fibMMm1
fibMMm1 = fibM
fibM = fibMMm2 + fibMMm1
# Marca a gama eliminada a partir da frente
desvio = -1;
# enquanto houver elementos a inspecionar.
# Note-se que comparamos arr[fibMm2] com x.
# Quando fibM se torna 1, fibMm2 torna-se 0
enquanto (fibM ¿ 1):
# Verificar se fibMm2 é uma localização válida
i = min(offset+fibMMm2, n-1)
# Se x for maior que o valor em
# índice fibMm2, cortar a matriz da submatriz
# de offset a i
se (arr[i] ¡ x):
fibM = fibMMm1
fibMMm1 = fibMMm2
fibMMm2 = fibM - fibMMm1
desvio = i
# Se x for maior do que o valor em
# índice fibMm2, cortar a subvariedade
# após i+1
elif (arr[i] ¿ x):
fibM = fibMMm2
fibMMm1 = fibMMm1 - fibMMm2
fibMMm2 = fibM - fibMMm1
# elemento encontrado. retornar índice
senão :
retorno i
# comparar o último elemento com x */ if(fibMMm1 and arr[offset+1] == x): return
offset+1;
# elemento não encontrado. retorno -1
regresso -1
# Código do condutor arr = [10, 22, 35, 40, 45, 50, 80, 82, 85, 90, 100]
```

n = len(arr)
x = 80
print("Encontrado no índice:",
fibMonaccianSearch(arr, x, n))
Complexidade temporal da pesquisa de Fibonacci:
A complexidade temporal da pesquisa de Fibonacci é O(log2 n)

1.4 Técnicas de triagem:

Em geral, a classificação refere-se a vários métodos de organização ou ordenação com base em critérios (numéricos, cronológicos, alfabéticos, hierárquicos, etc.). Há muitas abordagens para ordenar dados e cada uma tem os seus próprios méritos e deméritos.

Seleção de bolhas:

Esta técnica de ordenação é também conhecida como ordenação por troca, que organiza os valores iterando sobre a lista várias vezes e, em cada iteração, o valor maior é colocado no fim da lista. Este algoritmo utiliza várias passagens e, em cada passagem, o primeiro e o segundo itens de dados são comparados. Se o primeiro item de dados for maior do que o segundo, então os dois itens são trocados. Em seguida, os itens na segunda e terceira posição são comparados e, se o primeiro for maior do que o segundo, são trocados; caso contrário, a ordem não é alterada. Este processo continua para cada par sucessivo de itens de dados até que todos os itens estejam ordenados.

Algoritmo de ordenação de bolhas:
Passo 1: Repetir os passos 2 e 3 para i=1 a 10
Passo 2: Definir j=1
Passo 3: Repetir enquanto j¡=n
(A) se a[i] ¡ a[j]
Então permuta a[i] e a[j]
[Fim do if]
(B) Definir j = j+1
[Fim do circuito interno].
[Fim do ciclo exterior da etapa 1]
Passo 4: Sair
Várias passagens de Bubble Sort

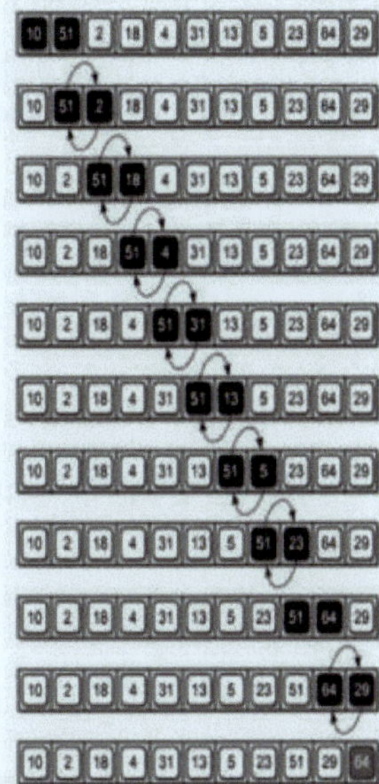

FIGURA 1.10: Várias passagens do Bubble Sort

Código fonte:

```
#    Programa Python para implementação do Bubble Sort
def bubbleSort(arr):
n = len(arr)
#    Percorrer todos os elementos da matriz
para i em range(n):
#    Os últimos i elementos já estão em vigor
para j em range(0, n-i-1):
#    percorrer a matriz de 0 a n-i-1
#    Troca se o elemento encontrado for maior
#    do que o elemento seguinte
se arr[j] ¿ arr[j+1] :
arr[j], arr[j+1] = arr[j+1], arr[j]
#    Código do controlador para testar o código acima
arr = [64, 34, 25, 12, 22, 11, 90]
bubbleSort(arr)
print ("A matriz ordenada é:")
for i in range(len(arr)):
print ("%d" %arr[i])
```

Exemplo passo a passo:

Peguemos na matriz de números "5 1 4 2 8" e ordenemos a matriz do menor para o maior número utilizando a ordenação por bolhas. Em cada passo, os elementos escritos a negrito estão a ser comparados. Serão necessárias três passagens.

Primeira passagem:

(5 1 4 2 8) (1 5 4 2 8), Aqui, o algoritmo compara os dois primeiros elementos e troca-os, uma vez que 5 ¿ 1.

(1 5 4 2 8) (1 4 5 2 8), Trocar desde 5 ¿ 4

(1 4 5 2 8) (1 4 2 5 8), Trocar desde 5 ¿ 2

(1 4 2 5 8)

(1 4 2 5 8), Ora, como estes elementos já estão ordenados (8 ¿ 5), o algoritmo não os troca.

Segunda passagem:

(1 4 2 5 8) (1 4 2 5 8)

(1 4 2 5 8) (1 2 4 5 8), Trocar uma vez que 4 ¿ 2

(1 2 4 5 8) (1 2 4 5 8)

(1 2 4 5 8) (1 2 4 5 8)

Agora, a matriz já está ordenada, mas o nosso algoritmo não sabe se está completa. O algoritmo precisa de uma passagem inteira sem qualquer troca para saber que está ordenado.

Terceira passagem:

(1 2 4 5 8) (1 2 4 5 8)

(1 2 4 5 8) (1 2 4 5 8)

(1 2 4 5 8) (1 2 4 5 8)

(1 2 4 5 8) (1 2 4 5 8)

Complexidade temporal:

A eficiência do algoritmo Bubble sort é independente do número de itens de dados na matriz e da sua disposição inicial. Se uma matriz contiver n itens de dados, o loop externo será executado n-1 vezes, pois o algoritmo requer n-1 passagens. Na primeira passagem, o laço interno é executado n-1 vezes; na segunda passagem, n-2 vezes; na terceira passagem, n-3 vezes e assim por diante. O número total de iterações resulta num tempo de execução de O(n2).

Pior caso de desempenho O(n2)

Melhor desempenho O(n2)

Desempenho do caso médio O(n2)

Seleção Ordenar:

O algoritmo de ordenação por seleção é um dos algoritmos de ordenação mais simples, que ordena os elementos de uma matriz encontrando o elemento mínimo em cada passagem da parte não ordenada e mantendo-o no início. Esta técnica de ordenação é melhor do que a ordenação por bolhas, pois efectua apenas uma troca em cada passagem. Esta técnica de ordenação mantém duas sub-arranjos, um sub-arranjo que já está ordenado e outro que não está ordenado. Em cada iteração, o elemento mínimo (ordem crescente) é selecionado da sub-array não ordenada e transferido para a sub-array ordenada.

Algoritmo de ordenação por seleção:

```
Para i= 'I a η-1 /*onde η é o tamanho da matriz */
set: min_index=1 /*aqui tomámos o índice inicial como 'I */
Para j=i+l a n
If arr[j]<arr[min_index] set: min_index=j Endlf EndFor swap (arr[i] and swap[min_index]) EndFor
). Sair.
```

FIGURA 1.11: Algoritmo de ordenação por seleção:

Código fonte:

```
# Programa Python para implementação da Seleção
# Ordenar
importar sys
```

```
A = [64, 25, 12, 22, 11]
#   Percorrer todos os elementos da matriz
for i in range(len(A)):
#   Encontrar o elemento mínimo no restante
#   matriz não selecionada
min _idx i =
para j em range(i+1, len(A)):
se A[min_idx] ¿ A[j]:
min _idx = j
#   Trocar o elemento mínimo encontrado por
#   o primeiro elemento
A[i], A[min_idx] = A[min _idx], A[i]
#   Código do controlador para testar o código acima
print ("Vetor ordenado")
for i in range(len(A)):
print("%d" %A[i])
```

Saída:

Introduzir o tamanho da matriz:6

Introduzir os elementos:96 94 81 56 76 45

Os elementos depois de ordenados são: 45 56 76 81 94 96

Exemplo passo a passo:

Aqui está um exemplo deste algoritmo de ordenação que ordena cinco elementos:

64 25 12 22 11

11 25 12 22 64

11 12 25 22 64

11 12 22 25 64

11 12 22 25 64

Complexidade temporal:

A ordenação por seleção não é difícil de analisar em comparação com outros algoritmos de ordenação, uma vez que nenhum dos loops depende dos dados da matriz. Para selecionar o elemento mais baixo, é necessário percorrer todos os n elementos (são necessárias n 1 comparações) e depois trocá-lo pela primeira posição. Para encontrar o próximo elemento mais baixo, é necessário procurar os restantes n 1 elementos e assim sucessivamente, para (n 1) + (n 2) + ... + 2 + 1 = n(n 1) / 2 O(n2) comparações. Cada uma destas pesquisas requer uma troca para n 1 elementos (o elemento final já está no sítio).

Pior caso de desempenho - O(n2)

Melhor caso de desempenho - O(n2)

Desempenho do caso médio -- O(n2)

Inserção Ordenar:

Um algoritmo considera os elementos um de cada vez, inserindo cada um no seu lugar adequado entre os já considerados (mantendo-os ordenados). O algoritmo de inserção é um exemplo de um algoritmo incremental. Constrói a sequência ordenada um número de cada vez. Esta é uma técnica de ordenação adequada para jogar jogos de cartas. A ordenação por inserção tem várias vantagens:

- Implementação simples
- Eficiente para conjuntos de dados (bastante) pequenos

- Adaptativo (ou seja, eficiente) para conjuntos de dados que já estão substancialmente ordenados: a complexidade temporal é O(n + d), em que d é o número de inversões
- Mais eficiente na prática do que a maioria dos outros algoritmos quadráticos simples (ou seja, O(n2)), como o selection sort ou o bubble sort; o melhor caso (entrada quase ordenada) é O(n)
- Estável; ou seja, não altera a ordem relativa de elementos com chaves iguais
- In-place; ou seja, requer apenas uma quantidade constante O(1) de espaço de memória adicional
- Em linha; ou seja, pode ordenar uma lista à medida que a recebe

Código fonte:

- Programa Python para implementação do Insertion Sort
- Função para efetuar a ordenação por inserção

def insertionSort(arr):

- Percorrer de 1 a len(arr)

I)

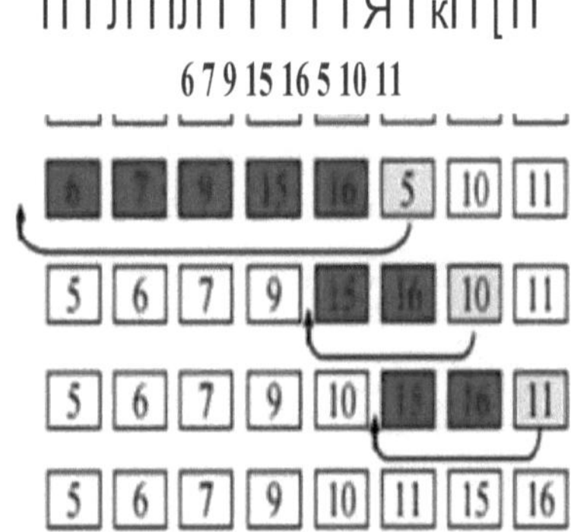

FIGURA 1.12: Ordenação de inserção

for i in range(1, len(arr)):
chave= arr[i]

- Deslocar os elementos de arr[0..i-1], que são
- maior que a chave, para uma posição à frente
- da sua posição atual

j i-1=
enquanto j ¿=0 e key ¡ arr[j] :
arr[j+1]= arr[j]
j -= 1
arr[j+1]= chave
Código de driver para testar acima arr = [12, 11, 13, 5, 6] insertionSort(arr)
print ("A matriz ordenada é:")
for i in range(len(arr)):
print ("%d" %arr[i])

Suponha que pretende ordenar os elementos por ordem crescente, como na figura acima. Então,

1. O segundo elemento de uma matriz é comparado com os elementos que aparecem antes dele (neste caso, apenas o primeiro elemento). Se o segundo elemento for mais pequeno do que o primeiro, o segundo elemento é inserido na posição do primeiro. Após o primeiro passo, os dois primeiros elementos de uma matriz serão ordenados.
2. O terceiro elemento de uma matriz é comparado com os elementos que aparecem antes dele (primeiro e segundo elementos). Se o terceiro elemento for mais pequeno do que o primeiro elemento, é inserido na posição do primeiro elemento. Se o terceiro elemento for maior do que o primeiro, mas menor do que o segundo, é inserido na posição do segundo. Se o terceiro elemento for maior do que ambos os elementos, é mantido na posição em que se encontra. Após o segundo passo, os três primeiros elementos de uma matriz serão ordenados.
3. Da mesma forma, o quarto elemento de uma matriz é comparado com os elementos que aparecem antes dele (primeiro, segundo e terceiro elementos) e o mesmo procedimento é aplicado e esse elemento é inserido na posição correta. Após o terceiro passo, os primeiros quatro elementos de uma matriz serão ordenados. Se houver n elementos a ordenar. Então, este procedimento é repetido n-1 vezes para obter uma lista ordenada da matriz.

Complexidade temporal:
Pior caso de desempenho --- O(n2)
Melhor caso de desempenho (quase) --- O(n)
Desempenho médio do caso O(n2)
Saída:
Introduzir o número de elementos:5
Introduzir elementos:1 65 0 32 66
Elementos após a triagem: 0 1 32 65 66
Seleção rápida :
A ordenação rápida é um algoritmo de divisão e conquista. O Quick sort começa por dividir uma lista grande em duas sub-listas mais pequenas: os elementos mais baixos e os elementos mais altos. O Quick sort pode então ordenar recursivamente as sub-listas.
As etapas são:
1. Escolha um elemento, chamado pivô, da lista.
2. Reordene a lista de modo a que todos os elementos com valores inferiores ao pivot venham antes do pivot, enquanto todos os elementos com valores superiores ao pivot venham depois dele (valores iguais podem ir para qualquer lado). Após este particionamento, o pivot está na sua posição final. Esta é a chamada operação de partição.
3. Aplicar recursivamente os passos anteriores à sub-lista de elementos com valores menores e separadamente à sub-lista de elementos com valores maiores.

O caso base da recursão são as listas de tamanho zero ou um, que nunca precisam de ser ordenadas.
Quick sort, ou partition-exchange sort, é um algoritmo de ordenação desenvolvido por Tony Hoare que, em média, faz O(n log n) comparações para ordenar n itens. No pior dos casos, ele faz O(n2) comparações, embora esse comportamento seja raro. O Quick sort é frequentemente mais rápido na prática do que outros algoritmos O(n log n). Funciona, em primeiro lugar, particionando a matriz em torno de um valor pivot e depois lidando com as 2 partições mais pequenas separadamente. O particionamento é a parte mais complexa do quick sort. O mais simples é utilizar o primeiro valor da matriz, a[l] (ou a[0] porque l = 0 para começar) como pivot. Após o particionamento, todos os valores à esquerda do pivot são ¡= pivot e todos os valores à direita são ¿ pivot. Repete-se o mesmo procedimento para as duas sub-listas

restantes, e assim por diante, recursivamente, até termos toda a lista ordenada.

Vantagens:

- Um dos algoritmos mais rápidos em média.
- Não necessita de memória adicional (a ordenação é efectuada na matriz - a isto chama-se processamento no local).

Desvantagens: A complexidade no pior caso é O(N2)

Código fonte:

```
# Esta função toma o último elemento como pivot, coloca # o elemento pivot na sua posição correta na matriz ordenada # e coloca todos os elementos mais pequenos (mais pequenos que o pivot) # à esquerda do pivot e todos os elementos maiores à direita # do pivot
def partition(arr,low,high):
i = ( low-1 ) # índice do elemento mais pequeno
pivot = arr[high] # pivot
para j em range(low , high):
# Se o elemento atual for inferior a ou
# igual ao pivô
se arr[j] ¡= pivot:
# índice de incremento do elemento mais pequeno
i = i+1
arr[i],arr[j] = arr[j],arr[i]
arr[i+1],arr[alto] = arr[alto],arr[i+1]
retorno ( i+1 )
# A função principal que implementa o QuickSort
# arr[] -¿ Matriz a ser ordenada,
# baixo -¿ Índice inicial,
# alto -¿ Índice final
# Função de ordenação rápida
def quickSort(arr,low,high):
se baixo ¡ alto:
# pi é o índice de partição, arr[p] é agora
# no sítio certo
pi = partição(arr,baixo,alto)
# Ordenar separadamente os elementos antes de
# partição e depois da partição
quickSort(arr, low, pi-1)
quickSort(arr, pi+1, high)
# Código do controlador para testar o código acima
arr = [10, 7, 8, 9, 1, 5]
n = len(arr)
quickSort(arr,0,n-1)
print ("A matriz ordenada é:")
para i em range(n):
print ("%d" %arr[i])
```

Complexidade temporal:

Pior caso de desempenho O(n2)

Melhor caso de desempenho (quase) ----- O(n log2 n)

Desempenho do caso médio ----- O(n log2 n)

Função Merge():

Recebe como argumentos a matriz, o índice mais à esquerda, o índice do meio e o índice mais à direita da matriz a ser fundida.

Finalmente, copie de volta a matriz ordenada para a matriz original.

Código fonte:

```
# Programa Python recursivo para ordenação por fusão
def merge(left, right):
se não for len(esquerda) ou não for len(direita):
retorno à esquerda ou à direita
resultado = []
i, j = 0, 0
while [len(resultado) ¡ len(esquerda) + len(direita)]:
se esquerda[i] ¡ direita[j]:
result.append(left[i])
i+= 1
e mais:
result.append(right[j])
j+= 1
se i == len(left) ou j == len(right):
result.extend(esquerda[i:] ou direita[j:])
pausa
devolver resultado
def mergesort(list):
se len(lista) ¡ 2:
lista de retorno
meio = int(len(lista)/2)
left = mergesort(list[:middle])
direita = mergesort(lista[meio:])
return merge(left, right)
seq = [12, 11, 13, 5, 6, 7]
print("A matriz dada é")
print(seq);
print("\n")
print("A matriz ordenada é")
print(mergesort(seq))
```

Complexidade temporal:

Pior caso de desempenho O(n log2 n)

Melhor desempenho (quase) O(n log2 n)

Desempenho do caso médio ---- O(n log2 n)

1.4.1 Comparação de algoritmos de ordenação:

Comparação da complexidade espacial de algoritmos de ordenação:

TABELA 1.4: Comparação da complexidade espacial dos algoritmos de ordenação

Algoritmo	Estrutura de dados	Pior caso de complexidade do espaço auxiliar

Seleção rápida	Matriz	O(n)
Fusão	Matriz	O(n)
Seleção de bolhas	Matriz	O(1)
Ordenação de inserção	Matriz	O(1)
Selecionar ordenação	Matriz	O(1)
Seleção de baldes	Matriz	O(nk)

Capítulo 2

ESTRUTURAS DE DADOS LINEARES

Resultados do curso

Após a conclusão bem-sucedida deste módulo, os alunos devem ser capazes de

CO 1	**Construir** programas sobre a execução de operações em estruturas de dados lineares e não lineares para a organização de dados	Aplicar
CO 2	**Utilizar** estruturas de dados lineares e estruturas de dados não lineares para resolver aplicações em tempo real.	Aplicar
CO 3	**Comparar** vários tipos de estruturas de dados; em termos de implementação, operações e desempenho.	Analisar

2.1 ESTRUTURAS DE DADOS LINEARES

2.1.1 Operações primitivas de pilhas

Uma pilha é um contentor de objectos que são inseridos e removidos de acordo com o princípio do último a entrar, primeiro a sair (LIFO). Nas pilhas pushdown, apenas são permitidas duas operações: empurrar o item para a pilha e retirar o item da pilha. Uma pilha é uma estrutura de dados de acesso limitado - os elementos podem ser adicionados e removidos da pilha apenas no topo. Push adiciona um item ao topo da pilha, pop remove o item do topo. Uma analogia útil é pensar numa pilha de livros; só se pode remover o livro do topo, mas também se pode adicionar um novo livro no topo. Uma pilha pode ser implementada para ter uma capacidade limitada. Se a pilha estiver cheia e não tiver espaço suficiente para aceitar uma entidade a ser empurrada, considera-se que a pilha está num estado de transbordo. A operação pop remove um item do topo da pilha. Uma operação pop revela itens anteriormente ocultos ou resulta numa pilha vazia, mas, se a pilha estiver vazia, passa para o estado de underflow, o que significa que não existem itens na pilha para serem removidos.

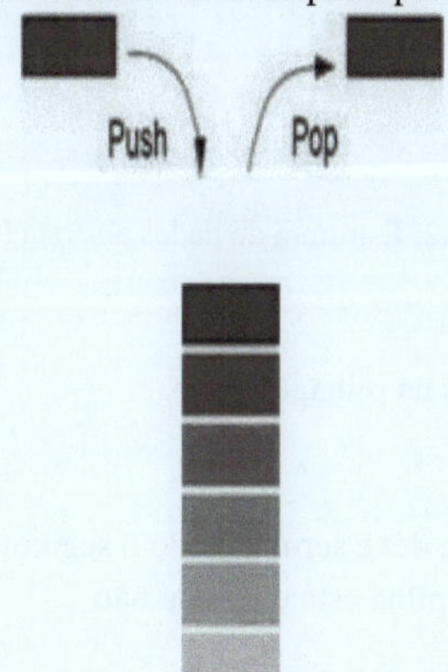

FIGURA 2.1: Operações primitivas de pilhas

2.1.2 Estrutura de dados da pilha (ADT):

A pilha é uma estrutura de dados abstrata (ADT) que funciona segundo o princípio LIFO (Last In First Out). O último elemento adicionado à pilha é o primeiro elemento a ser eliminado. A inserção e a eliminação podem ser efectuadas numa extremidade chamada TOP. Assemelha-se a um tubo fechado de um lado.

- A operação de adição da pilha é designada por operação push
- A operação de eliminação é designada por operação pop.
- A operação "push" numa pilha cheia provoca o transbordamento da pilha.
- A operação Pop numa pilha vazia provoca um subfluxo da pilha.
- SP é um ponteiro, que é utilizado para aceder ao elemento superior da pilha.
- Se empurrar elementos que são adicionados no topo da pilha;
- Da mesma forma, quando retiramos os elementos, o elemento no topo da pilha é eliminado.

A pilha é uma estrutura de dados abstrata (ADT) que funciona segundo o princípio LIFO (Last In First Out). O último elemento adicionado à pilha é o primeiro elemento a ser eliminado. A inserção e a eliminação podem ser efectuadas numa extremidade chamada TOP. Assemelha-se a um tubo fechado de um lado.

- A operação de adição da pilha é designada por operação push
- A operação de eliminação é designada por operação pop.
- A operação "push" numa pilha cheia provoca o transbordamento da pilha.
- A operação Pop numa pilha vazia provoca um subfluxo da pilha.
- SP é um ponteiro, que é utilizado para aceder ao elemento superior da pilha.
- Se empurrar elementos que são adicionados no topo da pilha;
- Da mesma forma, quando retiramos os elementos, o elemento no topo da pilha é eliminado.

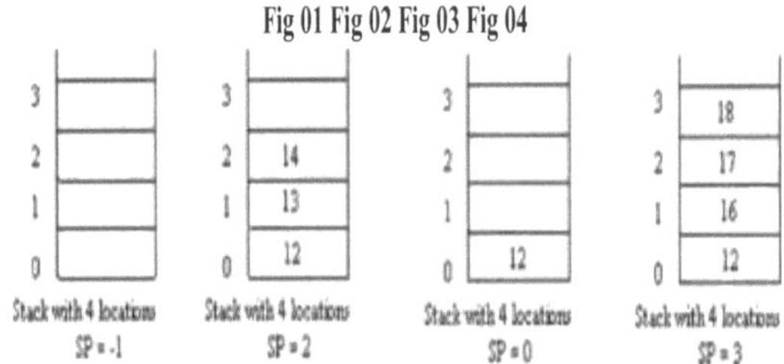

FIGURA 2.2: Estrutura de dados abstrata (ADT)

Operações de pilha:

Existem duas operações aplicadas na pilha, que são

1. empurrar
2. pop.

Ao efetuar operações push & pop, deve ser realizado o seguinte teste na pilha.

1) A pilha está vazia ou não 2) A pilha está cheia ou não

Empurrar:

A operação Push é utilizada para adicionar novos elementos à pilha. No momento da adição, verifica-se primeiro se a pilha está cheia ou não. Se a pilha estiver cheia, é gerada uma mensagem de erro "stack overflow".

Pop:

A operação Pop é utilizada para eliminar elementos da pilha. No momento da eliminação, verifica-se primeiro se a pilha está vazia ou não. Se a pilha estiver vazia, é gerada uma mensagem de erro "stack underflow".

Representação de uma pilha utilizando matrizes:

Consideremos uma pilha com capacidade para 6 elementos. Este é o chamado tamanho da pilha. O número de elementos a serem adicionados não deve exceder o tamanho máximo da pilha. Se tentarmos adicionar um novo elemento para além do tamanho máximo, deparar-nos-emos com uma condição de excesso de pilha. Da mesma forma, não é possível remover elementos para além da base da pilha. Se for esse o caso, ocorrerá uma condição de underflow da pilha.

Quando um elemento é adicionado a uma pilha, a operação é efectuada por push().

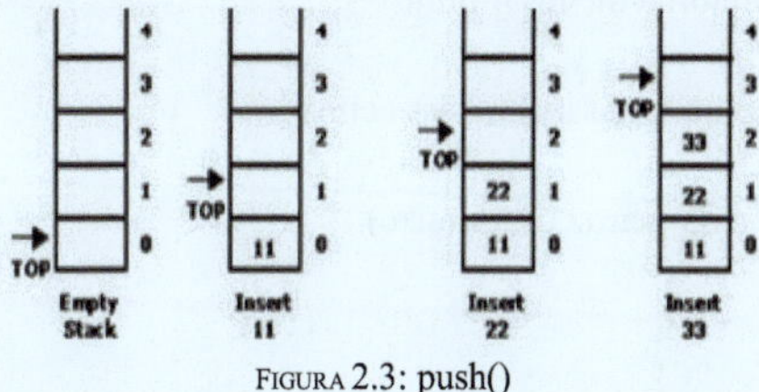

FIGURA 2.3: push()

Quando um elemento é retirado da pilha, a operação é efectuada por pop().

Código fonte para operações de pilha, usando matriz:

PILHA: A pilha é uma estrutura de dados linear que funciona segundo o princípio do último a entrar, primeiro a sair. Operações básicas: push, pop, display.

1. PUSH: se (top==MAX), mostra Stack overflow, caso contrário lê os dados e faz stack [top] =data e incrementa o valor do topo fazendo top++.

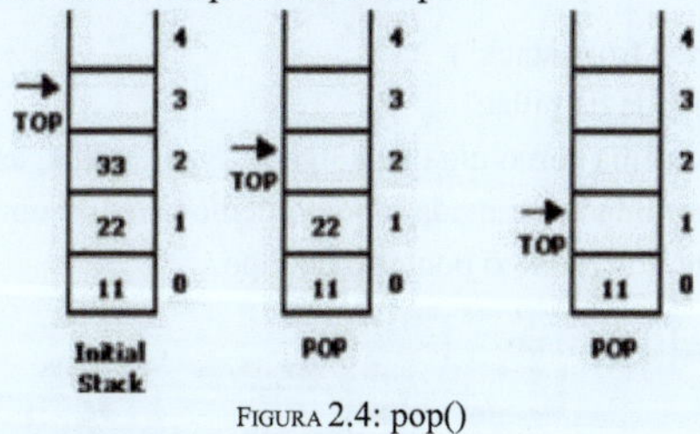

FIGURA 2.4: pop()

2. POP: se (top==0), mostra o underflow da pilha; caso contrário, imprime o elemento no topo da pilha e diminui o valor do topo fazendo o top.
3. DISPLAY: SE (TOP==0), mostra que a pilha está vazia; caso contrário, imprime os elementos da pilha desde a pilha [0] até à pilha [topo].

```
# Programa Python para implementação da pilha
# import maxsize from sys module
# Usado para retornar -infinito quando a pilha está vazia from sys import maxsize
# Função para criar uma pilha. Inicializa o tamanho da pilha como 0
def createStack():
pilha = []
```

```
pilha de retorno
#    A pilha está vazia quando o tamanho da pilha é 0
def isEmpty(stack):
return len(pilha) == 0
#    Função para adicionar um item à pilha. Aumenta o tamanho em 1
def push(stack, item):
stack.append(item)
print("empurrado para a pilha " + item)
#    Função para remover um item da pilha. Diminui o tamanho em 1
def pop(stack):
se (isEmpty(stack)):
print("pilha vazia")
return str(-maxsize -1) #retorna menos infinito
return stack.pop()
#    Programa de driver para testar as funções acima
pilha = createStack()
print("o tamanho máximo da matriz é",maxsize)
push(pilha, str(10))
push(pilha, str(20))
push(pilha, str(30))
print(pop(stack) + " popped from stack")
print(pop(stack) + " popped from stack")
print(pop(stack) + " popped from stack")
print(pop(stack) + " popped from stack")
push(pilha, str(10))
push(pilha, str(20))
push(pilha, str(30))
print(pop(stack) + " popped from stack")
```

Implementação de lista ligada da pilha:

Podemos representar uma pilha como uma lista ligada. Numa pilha, as operações push e pop são efectuadas numa extremidade chamada topo. Podemos efetuar operações semelhantes num dos extremos da lista utilizando o ponteiro de topo.

FIGURA 2.5: Complexidades temporais de vários algoritmos

Código fonte para operações de pilha, utilizando lista ligada:

```
#    Programa Python para implementação de lista ligada de pilha
```

```
#   Classe para representar um nó
classe StackNode:
#   Construtor para inicializar um nó
def __init__(self, data):
self.data = dados
self.next = Nenhum
classe Stack:
#   Construtor para inicializar a raiz da lista ligada
def init .(self):
self.root = Nenhum
def isEmpty(self):
return True se self.root for None else False
def push(self, data):
newNode =  StackNode(data)
newNode.next =  self.root
self.root =  newNode
print ("%d empurrado para a pilha" %(dados))
def pop(self):
se (self.isEmpty()):
return float("-inf")
temp = self.root
self.root =  self.root.next
popped = temp.data
voltar estalado
def peek(self):
se self.isEmpty():
return float("-inf")
return self.root.data
# Programa de condução para testar a classe acima
pilha = Pilha()
pilha.push(10)
pilha.push(20)
pilha.push(30)
print ("%d popped from stack" %(stack.pop()))
print ("O elemento de topo é %d " %(stack.peek()))
```

Aplicações Stack:

1. A pilha é utilizada pelos compiladores para verificar o equilíbrio entre parênteses, colchetes e chavetas.
2. A pilha é utilizada para avaliar uma expressão pós-fixa.
3. Stack é utilizado para converter uma expressão infixa numa forma postfixa/prefixa.
4. Na recursão, todos os argumentos intermédios e valores de retorno são armazenados na pilha do processador.
5. Durante uma chamada de função, o endereço de retorno e os argumentos são colocados numa pilha e, quando regressam, são retirados.
6. A primeira pesquisa em profundidade utiliza uma estrutura de dados de pilha para encontrar um elemento de um grafo.

Transformação de In-fix- para Postfix:

O procedimento para converter uma expressão infixa numa expressão pós-fixa é o seguinte

1. Analisa a expressão infixa da esquerda para a direita.

2. a) Se o símbolo digitalizado for um parêntesis à esquerda, coloque-o na pilha.

b) Se o símbolo digitalizado for um operando, coloque-o diretamente na expressão pós-fixa (saída).

c) Se o símbolo lido for um parêntesis à direita, então continua a retirar todos os itens da pilha e coloca-os na expressão pós-fixa até obtermos o parêntesis à esquerda correspondente.

d) Se o símbolo digitalizado for um operador, então continua a remover todos os operadores da pilha e coloca-os na expressão pós-fixa, se e só se a precedência do operador que está no topo da pilha for maior do que (ou igual) à precedência do operador digitalizado e empurra o operador digitalizado para a pilha; caso contrário, empurra o operador digitalizado para a pilha.

Código fonte:

```
# Programa Python para converter expressão infixa em postfixa
# Classe para converter a expressão
import string class Conversion:
# Construtor para inicializar as variáveis da classe
def init .(self, capacity):
self.top = -1
self.capacity = capacidade
# Esta matriz é utilizada como pilha
self.array = []
# Definição de precedência
self.output = []
self.precedence = {'+':1, '-':1, '*':2, '/':2, :3}
# verificar se a pilha está vazia
def isEmpty(self):
return True se self.top == -1 else False
# Devolver o valor do topo da pilha
def peek(self):
return self.array[-1]
# Retira o elemento da pilha
def pop(self):
se não self.isEmpty():
self.top -= 1
return self.array.pop()
senão: devolver "$
# Empurra o elemento para a pilha
def push(self, op):
self.top += 1
self.array.append(op)
# Uma função de utilidade a verificar é o carácter dado
# é o operando
def isOperand(self, ch):
```

```
return ch.isalpha()
#    Verificar se a precedência do operador é estritamente
#    inferior ao topo da pilha ou não
def notGreater(self, i):
tentar:
a = self.precedência[i]
b = self.precedence[self.peek()]
return True se a ¡= b else False
exceto KeyError:
return False
#    A função principal que converte uma expressão infixa dada
#    para expressão pós-fixa
def infixToPostfix(self, exp):
#    Iterar sobre a expressão para conversão
para i em exp:
#    Se o carácter for um operando,
#    adicioná-lo à saída
se self.isOperand(i):
self.output.append(i)
#    Se o carácter for um '(', empurra-o para a pilha
elif i = = '(':
self.push(i)
#    Se o carácter digitalizado for um ')', pop e
#    saída da pilha até que e '(' seja encontrado
elif i = = ')':
while( (not self.isEmpty()) and self.peek() != '('):
a = self.pop()
self.output.append(a)
if (not self.isEmpty() and self.peek() != '('):
regresso -1
e mais:
self.pop()
#    É encontrado um operador
e mais:
while(not self.isEmpty() and self.notGreater(i)):
self.output.append(self.pop())
self.push(i)
#    retirar todos os operadores da pilha
enquanto não self.isEmpty():
self.output.append(self.pop())
result= "".join(self.output)
imprimir(resultado)
#    Programa de driver para testar a função acima
exp=  a+b*(cd-e)(f+g*h)-i
obj = Conversão(len(exp))
obj.infixToPostfix(exp)
```

Avaliação de expressões aritméticas:

Procedimento:

A expressão postfixa é avaliada facilmente através da utilização de uma pilha. Quando um número é visto, é empurrado para a pilha; quando um operador é visto, o operador é aplicado aos dois números que são retirados da pilha e o resultado é empurrado para a pilha.

Avaliar a expressão pós-fixa: 6 5 2 3 + 8 * + 3 + *

Código fonte:

```
#	Programa Python para avaliar o valor de uma expressão postfixa
#	Classe para converter a expressão
classe Avaliar:
#	Construtor para inicializar as variáveis da classe
def init .(self, capacity):
self.top = -1
self.capacity = capacidade
#	Esta matriz é utilizada como pilha
self.array = []
#	verificar se a pilha está vazia
def isEmpty(self):
return True se self.top == -1 else False
#	Devolver o valor do topo da pilha
def peek(self):
return self.array[-1]
#	Retira o elemento da pilha
def pop(self):
se não self.isEmpty():
self.top -= 1
return self.array.pop()
e mais:
devolver "$"
#	Empurra o elemento para a pilha
def push(self, op):
self.top += 1
self.array.append(op)
#	A função principal que converte uma expressão infixa dada
#	para expressão pós-fixa
def evaluatePostfix(self, exp):
#	Iterar sobre a expressão para conversão
para i em exp:
#	Se o carácter digitalizado for um operando
#	(número aqui) empurra-o para a pilha
se i.isdigit():
self.push(i)
#	Se o carácter digitalizado for um operador,
#	retira dois elementos da pilha e aplica-os.
e mais:
val1 = self.pop()
```

```
val2 = self.pop()
self.push(str(eval(val2 + i + val1)))
return int(self.pop())
#    Programa de driver para testar a função acima
exp = "231*+9-"
obj = Evaluate(len(exp))
print ("O valor de {0} é {1}".format(exp, obj.evaluatePostfix(exp)))
```

Operações básicas de filas de espera:

Uma fila é uma estrutura de dados que é melhor descrita como "primeiro a entrar, primeiro a sair". Uma fila é outro tipo especial de lista, em que os itens são inseridos numa extremidade, chamada traseira, e eliminados na outra extremidade, chamada dianteira. Um exemplo do mundo real de uma fila é o das pessoas à espera na fila do banco. À medida que cada pessoa entra no banco, é "colocada em fila" no fim da fila. Quando um caixa fica disponível, ele é "retirado da fila" na frente da fila.

Esta dificuldade pode ser ultrapassada se tratarmos a posição da fila com o índice 0 como uma posição que vem depois da posição com o índice 4, ou seja, se tratarmos a fila como uma fila circular.

Procedimento para operações em fila de espera utilizando uma matriz:

Para criar uma fila precisamos de uma matriz unidimensional Q(1:n) e duas variáveis frente e trás. As convenções que vamos adotar para estas duas variáveis são que a frente é sempre 1 menos que a frente real da fila e a retaguarda aponta sempre para o último elemento da fila. Assim, frente = retaguarda se e somente se não houver elementos na fila. A condição inicial é então frente = retaguarda = 0.

As várias operações de fila para efetuar a criação, eliminação e visualização dos elementos numa fila são as seguintes

1. insertQ(): insere um elemento no final da fila Q.
2. deleteQ(): elimina o primeiro elemento de Q.
3. displayQ(): apresenta os elementos da fila.

Implementação de lista ligada de uma fila: Podemos representar uma fila como uma lista ligada. Numa fila, os dados são eliminados na parte da frente e inseridos na parte de trás. Podemos efetuar operações semelhantes nas duas extremidades de uma lista. Utilizamos dois apontadores para a frente e para trás na nossa implementação da fila ligada.

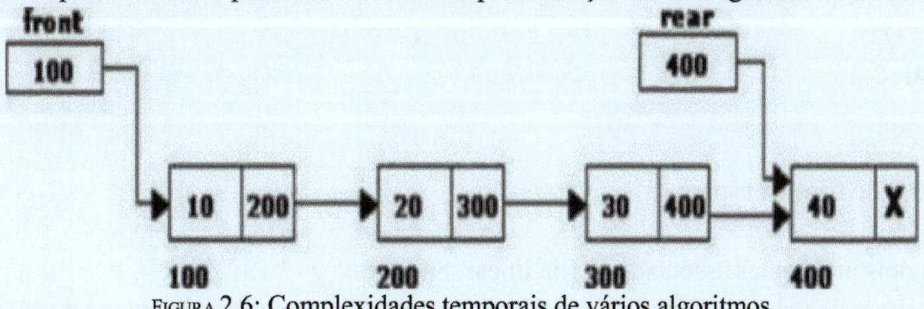

FIGURA 2.6: Complexidades temporais de vários algoritmos

Código fonte:

```
frente = 0
traseira = 0 mymax = 3
#    Função para criar uma pilha. Inicializa o tamanho da pilha como 0
def createQueue():
```

```
fila = []
devolver a fila
#   A pilha está vazia quando o tamanho da pilha é 0
def isEmpty(queue):
return len(queue) == 0
#   Função para adicionar um item à pilha. Aumenta o tamanho em 1
def enqueue(queue,item):
queue.append(item)
#   Função para remover um item da pilha. Diminui o tamanho em 1
def dequeue(queue):
se (isEmpty(queue)):
return "A fila de espera está vazia"
item=fila[0]
del queue[0]
item de devolução
#   Programa de driver para testar as funções acima
queue = createQueueue()
enquanto Verdadeiro:
print("1 Enqueue")
print("2 Dequeue")
print("3 Display")
print("4 Quit")
ch= int(input("Introduzir escolha"))
se(ch==1):
se(rear ¡ mymax):
item=input("introduzir item")
enqueue(queue, item)
traseira = traseira + 1
e mais:
print("A fila de espera está cheia")
elif(ch==2):
print(dequeue(queue))
elif(ch==3):
print(fila)
e mais:
pausa
```

Aplicações de filas de espera:

3.

Existem dois problemas associados à fila linear. São eles:

- Consumo de tempo: tempo linear a despender na deslocação dos elementos para o início da fila.
- Sinalização de fila cheia: mesmo que a fila tenha uma posição vaga. O algoritmo de programação round-robin (RR) foi concebido especialmente para sistemas de partilha de tempo. É semelhante ao escalonamento FCFS, mas é acrescentada a preempção para alternar entre processos. É definida uma pequena unidade de tempo, designada por quantum de tempo ou fatias de tempo. Um quantum de tempo é geralmente de 10 a 100 milissegundos. A fila de

espera é tratada como uma fila circular. Para implementar a programação RR

- Mantemos a fila de espera como uma fila FIFO de processos.
- Os novos processos são adicionados à cauda da fila de espera.
- O programador da CPU escolhe o primeiro processo da fila de espera, define um temporizador para interromper após 1 quantum de tempo e despacha o processo.
- O processo pode ter uma explosão de CPU de menos de 1 quantum de tempo.

o Neste caso, o próprio processo libertará a CPU voluntariamente.

o O programador avança então para o processo seguinte na fila de espera.

- Caso contrário, se a explosão da CPU do processo atualmente em execução for superior a 1 quantum de tempo,

o O temporizador desliga-se e causa uma interrupção para o SO.

o Será executada uma mudança de contexto e o processo será colocado na cauda da fila de espera.

O programador da CPU selecionará então o processo seguinte na fila de espera.

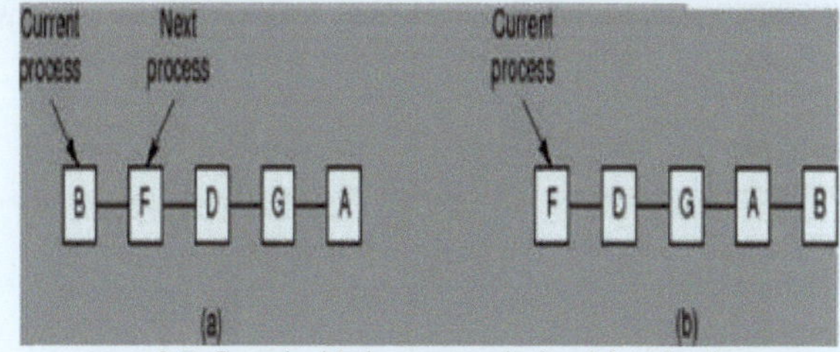

FIGURA 2.7: Complexidades temporais de vários algoritmos

O tempo médio de espera sob a política RR é frequentemente longo. Considere o seguinte conjunto de processos que chegam no tempo 0, com a duração da explosão da CPU dada em milissegundos: (um quantum de tempo de 4 milissegundos)

Usando o agendamento round-robin, agendaríamos esses processos de acordo com o gráfico a seguir:

DEQUE (fila de espera dupla):

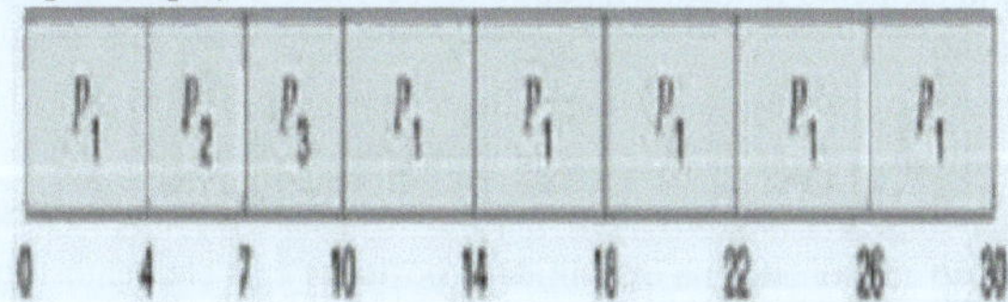

FIGURA 2.8: Complexidades temporais de vários algoritmos

Uma fila de dupla extremidade (dequeue, muitas vezes abreviada para deque, pronuncia-se deck) generaliza uma fila, para a qual os elementos podem ser adicionados ou removidos tanto da frente (cabeça) como do verso (cauda).

O DeQueue é representado da seguinte forma.

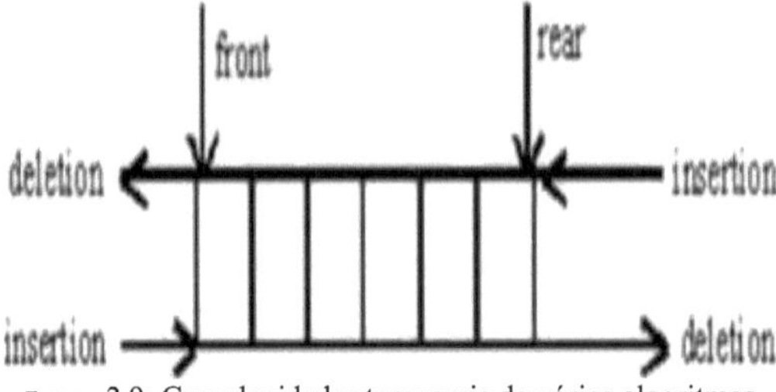

FIGURA 2.9: Complexidades temporais de vários algoritmos

O DEQUE pode ser representado de duas formas
1) Entrada restrita DEQUE(IRD)
2) saída restrita DEQUE(ORD)
A DEQUE restrita à saída permite eliminações apenas numa extremidade e a DEQUE restrita à entrada permite inserções apenas numa extremidade. A DEQUE pode ser construída de duas formas, nomeadamente
1) Utilizar a matriz
2)Utilizando lista ligada
Operações em DEQUE:
1. Inserir elemento na parte de trás
2. Inserir elemento na frente
3. Retirar o elemento na frente
4. Remover o elemento na parte de trás

Aplicações do DEQUE:
1. O algoritmo A-Steal implementa o escalonamento de tarefas para vários processadores (escalonamento multiprocessador).
2. O processador obtém o primeiro elemento do deque.
3. Quando um dos processadores termina a execução dos seus próprios segmentos, pode roubar um segmento de outro processador.
4. Obtém o último elemento do deque de outro processador e executa-o.

Fila de espera circular:
A fila circular é uma estrutura de dados linear. Segue o princípio FIFO. Na fila circular, o último nó é ligado de novo ao primeiro nó para formar um círculo.
- A lista ligada circular segue o princípio do primeiro a entrar, primeiro a sair
- Os elementos são adicionados na extremidade posterior e os elementos são eliminados na extremidade anterior da fila
- Tanto o ponteiro da frente como o de trás apontam para o início da matriz.
- É também designado por "tampão de anel".
- Os itens podem ser inseridos e eliminados de uma fila em tempo O(1).

As filas de espera circulares podem ser criadas de três formas
1. Utilização de uma lista ligada simples
2. Utilizar uma lista ligada dupla
3. Utilizar arrays

Capítulo 3

LISTAS LIGADAS

Resultados do curso

Após a conclusão bem-sucedida deste módulo, os alunos devem ser capazes de

CO 1	**Construir** programas sobre a execução de operações em estruturas de dados lineares e não lineares para a organização de dados	Aplicar
CO 2	**Utilizar** estruturas de dados lineares e estruturas de dados não lineares para resolver aplicações em tempo real.	Aplicar
CO 3	**Comparar** vários tipos de estruturas de dados em termos de implementação, operações e desempenho.	Analisar

3.1 LISTAS LIGADAS

As listas ligadas e as matrizes são semelhantes, uma vez que ambas armazenam colecções de dados. As matrizes são a estrutura de dados mais comum utilizada para armazenar colecções de elementos. As matrizes são fáceis de declarar e fornecem uma sintaxe simples para aceder a qualquer elemento através do seu número de índice. Uma vez criada a matriz, o acesso a qualquer elemento é cómodo e rápido.

As desvantagens das matrizes são:

- O tamanho da matriz é fixo. Na maioria das vezes, este tamanho é especificado em tempo de compilação. Isto leva os programadores a atribuir matrizes que parecem "suficientemente grandes" do que o necessário.
- A inserção de novos elementos na parte da frente é potencialmente dispendiosa, uma vez que os elementos existentes têm de ser deslocados para criar espaço.
- A eliminação de um elemento de uma matriz não é possível. As listas ligadas têm os seus próprios pontos fortes e fracos, mas são fortes onde as matrizes são fracas.
- Geralmente, as matrizes atribuem a memória para todos os seus elementos num bloco, enquanto as listas ligadas utilizam uma estratégia completamente diferente. As listas ligadas atribuem memória a cada elemento separadamente e apenas quando necessário.

3.1.1 Conceitos de listas ligadas:

Uma lista ligada é uma coleção não sequencial de itens de dados. Trata-se de uma estrutura de dados dinâmica. Para cada item de dados numa lista ligada, existe um ponteiro associado que indica a localização na memória do item de dados seguinte na lista ligada. Os itens de dados da lista ligada não estão em posições de memória consecutivas. Podem estar em qualquer lugar, mas o acesso a esses itens de dados é mais fácil, pois cada item de dados contém o endereço do item de dados seguinte.

Vantagens das listas ligadas:

As listas ligadas têm muitas vantagens. Algumas das vantagens mais importantes são:

1. As listas ligadas são estruturas de dados dinâmicas, ou seja, podem crescer ou diminuir durante a execução de um programa.
2. As listas ligadas têm uma utilização eficiente da memória. Aqui, a memória não é pré-alocada. A memória é atribuída sempre que é necessária e é desalocada (removida) quando já não é necessária.
3. A inserção e a eliminação são mais fáceis e eficientes. As listas ligadas oferecem

flexibilidade na inserção de um item de dados numa posição especificada e na eliminação do item de dados a partir da posição indicada.

4. Muitas aplicações complexas podem ser facilmente executadas com listas ligadas.

Desvantagens das listas ligadas:

1. Consome mais espaço porque cada nó requer um ponteiro adicional para armazenar o endereço de o nó seguinte.

2. A pesquisa de um elemento específico numa lista é difícil e demorada.

3.1.2 Tipos de listas ligadas:

Basicamente, podemos classificar as listas ligadas nos quatro itens seguintes:

1. Lista ligada simples.
2. Lista ligada dupla.
3. Lista circular ligada.
4. Lista circular duplamente ligada.

Uma lista ligada simples é aquela em que todos os nós estão ligados entre si de forma sequencial. Por isso, é também designada por lista ligada linear.

Uma lista duplamente ligada é uma lista em que todos os nós estão ligados entre si por múltiplas ligações que ajudam a aceder ao nó sucessor (nó seguinte) e ao nó antecessor (nó anterior) a partir de qualquer nó arbitrário dentro da lista. Assim, cada nó de uma lista duplamente ligada tem dois campos de ligação (ponteiros) que apontam para o nó da esquerda (anterior) e para o nó da direita (seguinte). Isto ajuda a percorrer a lista no sentido para a frente e no sentido para trás.

Uma lista ligada circular é uma lista que não tem início nem fim. Uma lista ligada simples pode ser transformada numa lista ligada circular, bastando armazenar o endereço do primeiro nó no campo de ligação do último nó. Uma lista ligada dupla circular é uma lista que tem tanto o ponteiro sucessor como o ponteiro predecessor de forma circular.

Aplicações da lista ligada:

5. As listas ligadas são utilizadas para representar e manipular polinómios. Os polinómios são expressões que contêm termos com coeficientes e expoentes diferentes de zero. Por exemplo: P(x) = a0 Xn + a1 Xn-1 + + an-1 X + an

6. Representar números muito grandes e operações de números grandes, como a adição, a multiplicação e a divisão.

7. As listas ligadas servem para implementar pilhas, filas, árvores e grafos. 4. Implementar a tabela de símbolos na construção de compiladores.

3.2 Lista ligada simples:

Uma lista ligada atribui espaço a cada elemento separadamente no seu próprio bloco de memória, denominado "nó". A lista obtém uma estrutura global utilizando ponteiros para ligar todos os seus nós como os elos de uma corrente. Cada nó contém dois campos; um campo "data" para armazenar qualquer elemento e um campo "next" que é um ponteiro utilizado para ligar ao nó seguinte. Cada nó é alocado no heap usando malloc(), portanto a memória do nó continua a existir até que seja explicitamente desalocada usando free(). O início da lista é um ponteiro para o nó "start".

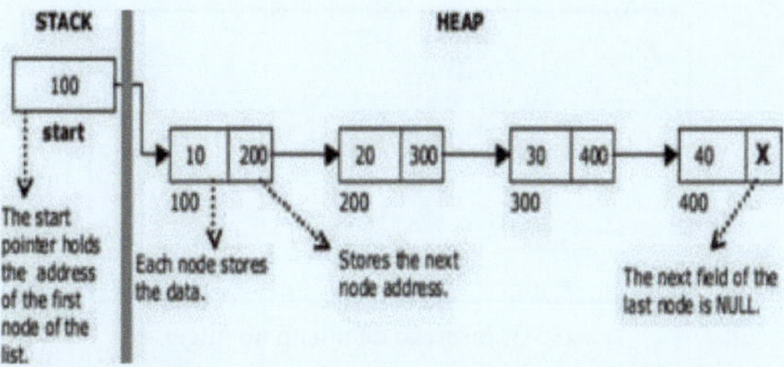

FIGURA 3.1: Uma lista ligada simples

O início da lista ligada é armazenado num ponteiro "start" que aponta para o primeiro nó. O primeiro nó contém um ponteiro para o segundo nó. O segundo nó contém um ponteiro para o terceiro nó, ... e assim por diante. O último nó da lista tem o seu campo seguinte definido como NULL para marcar o fim da lista. O código pode aceder a qualquer nó da lista, começando no início e seguindo os ponteiros seguintes.

O ponteiro inicial é uma variável de ponteiro local comum, por isso é desenhado separadamente no topo esquerdo para mostrar que está na pilha. Os nós da lista são desenhados à direita para mostrar que estão alocados na pilha.

As operações básicas numa lista ligada simples são: - Criação. - Inserção. - Eliminação. - Travessia.

Criação de um nó para Lista ligada simples:

A criação de uma lista ligada simples começa com a criação de um nó. Tem de ser atribuída memória suficiente para criar um nó. A informação é armazenada na memória.

Inserção de um Nó:

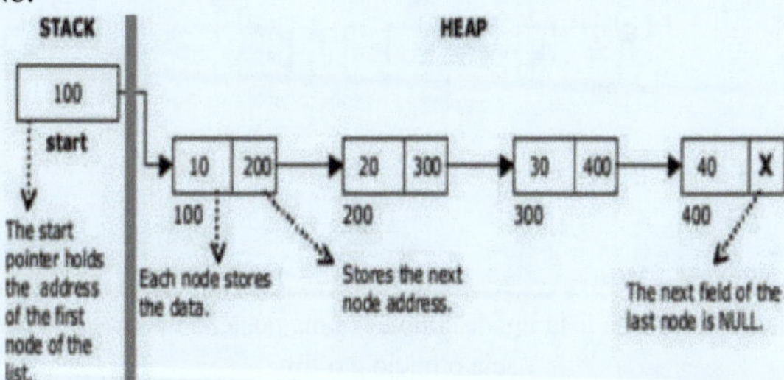

FIGURA 3.2: Criação de um nó para uma lista ligada simples

Uma das operações mais primitivas que pode ser efectuada numa lista ligada simples é a inserção de um nó. A memória deve ser alocada para o novo nó (de forma semelhante ao que é feito ao criar uma lista) antes de ler os dados. O novo nó conterá um campo de dados vazio e um campo seguinte vazio. O campo de dados do novo nó é então armazenado com a informação lida pelo utilizador. O campo seguinte do novo nó é atribuído a NULL. O novo nó pode então ser inserido em três locais diferentes, nomeadamente

- Inserção de um nó no início.
- Inserção de um nó no final.
- Inserção de um nó numa posição intermédia.

Inserção de um nó no início.

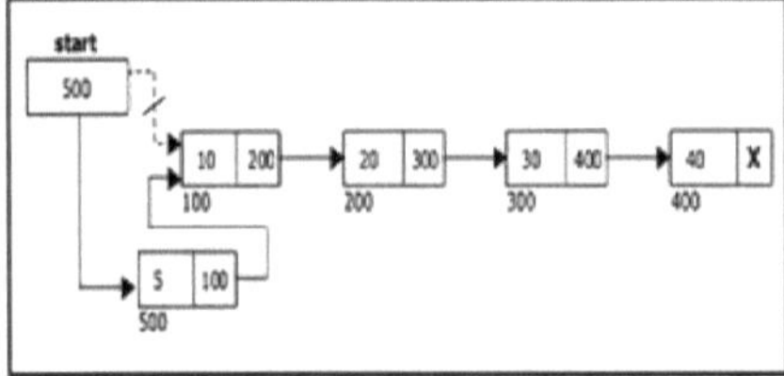

FIGURA 3.3: Inserção de um nó no início.

Inserção de um nó no final
início

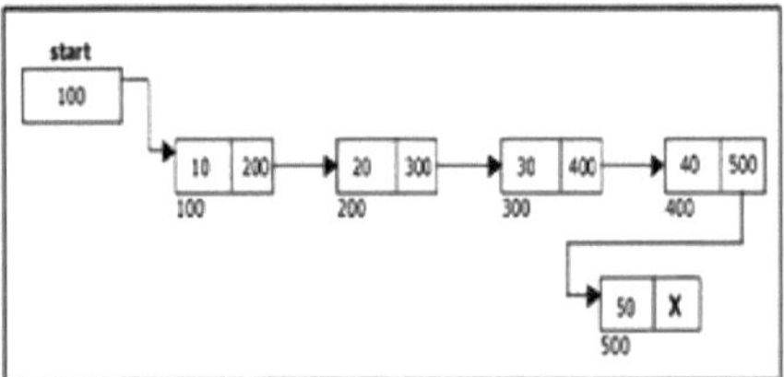

FIGURA 3.4: Inserção de um nó no final

Inserção de um nó na lista ligada simples numa posição intermédia especificada, diferente do início e do fim.

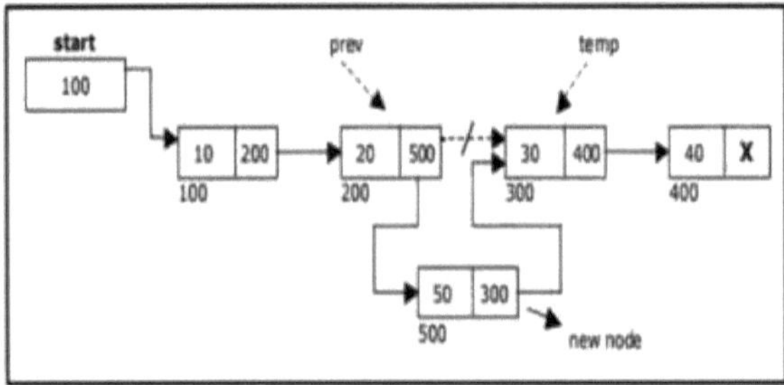

FIGURA 3.5: Inserção de um nó na lista ligada simples numa posição intermédia especificada que não seja o início e o fim.

Eliminação de um nó:

Outra operação primitiva que pode ser efectuada numa lista ligada simples é a eliminação de um nó. A memória deve ser libertada para o nó a ser eliminado. Um nó pode ser eliminado da lista a partir de três locais diferentes, nomeadamente

- Eliminar um nó no início.
- Eliminar um nó no final.
- Eliminar um nó numa posição intermédia.

Percorrer e visualizar uma lista (da esquerda para a direita):

Para visualizar as informações, é necessário percorrer (mover) uma lista ligada, nó a nó a partir do primeiro nó, até chegar ao fim da lista.

Percorrer uma lista envolve os seguintes passos:

- Atribui o endereço do ponteiro de início a um ponteiro temporário.

• Apresentar as informações do campo de dados de cada nó. A função traverse () é utilizada para percorrer e apresentar as informações armazenadas na lista da esquerda para a direita.

Código fonte para criar e inserir a implementação de uma lista ligada simples:

```
item de classe:
'''Um item que armazena os dados de uma lista ligada'''
def __init__(self, data):
'''Inicializa os dados do Item'''
self._content = data # dados não públicos
self.next = Nenhum
classe SingleLikedList:
'''Implementação de uma lista ligada simples'''
def __init__(self):
self._start = Nenhum
self._count = 0
def getItemAtIndex(self, pos):
se self._start == None:
devolver Nenhum
i = 0 cursor = self._start
while cursor != None:
se i == pos:
devolver cursor
i += 1
cursor = cursor.next
devolver Nenhum
def insert(self, data, pos = 0):
item = Item(data)
se self._start == None:
self._start = item
e mais:
cursor = self.getItemAtIndex(pos)
item.next =  cursor.next
item.next =  cursor.next
cursor.next = item
self._count += 1
def display(self):
cursor = self._start
while cursor != None:
print(cursor._content, end=' ')
cursor = cursor.next
l = SingleLikedList()
l.insert(10)
l.insert(20)
l.insert(30)
l.insert(40)
l.insert(50, 3)
```

l.display()

Código fonte para criar, inserir e eliminar a implementação de uma lista ligada simples:

```
classe Node(object):
def __init_(self, data=None, next node=None):
self.data = dados
self.next_node = next _node
def get_data(self):
return self.data
def get _next(self):
return self.next_node
def set _next(self, new_next):
self.next_node =  new_next
class LinkedList(object):
def __init_(self, head=None):
self.head = cabeça
def insert(self, data):
novo_nó = Nó(dados)
novo_nó.set _próximo(auto.cabeça)
self.head =  new_node
def size(self):
atual = self.head
contagem = 0
enquanto atual:
contagem += 1
atual = atual.get_next()
contagem de retorno
def search(self, data):
atual = self.head
encontrado = Falso
enquanto atual e encontrado é Falso:
se current.get_data() == data:
found = Verdadeiro
e mais:
atual = atual.get_next()
se a corrente for Nenhuma:
raise ValueError("Data not in list")
retorno atual
def delete(self, data):
atual = self.head anterior = Nenhum
encontrado = Falso
enquanto atual e encontrado é Falso:
se current.get_data() == data:
found = Verdadeiro
e mais:
anterior = atual
atual = atual.get_next()
```

se a corrente for Nenhuma:
raise ValueError("Data not in list")
se anterior for Nenhum:
self.head = current.get_next()
e mais:
anterior.set_next(atual.get_next())
Código fonte para criar, inserir e eliminar a implementação de uma lista ligada simples:
importar sys
importar os.path
sys.path.append(os.path.join(os.path.abspath(os.pardir), "/home/satya/PycharmProjects /DataStrac- tures"))
from LinkedList2 import LinkedList
importar unittest
classe TestLinkedList(unittest.TestCase):
def setUp(self):
self.list = LinkedList()
def tearDown(self):
self.list = Nenhum
def test-insert(self):
self.list.insert("David")
self.assertTrue(self.list.head.get _data() == "David")
self.assertTrue(self.list.head.getnext() is None)
def test-insert -two(self):
self.list.insert("David")
self.list.insert("Thomas")
self.assertTrue(self.list.head.get _data() == 'Tomé")
cabeça seguinte = self.list.head.get-next()
self.assertTrue(headLnext.getdata() == 'David")
def test-nextNode(self):
self.list.insert("Jacob")
self.list.insert("Pallymay")
self.list.insert("Rasmus")
self.assertTrue(self.list.head.get _data() == 'Rasmus")
cabeça seguinte = self.list.head.get-next()
self.assertTrue(head next.get data( ) == "Pallymay")
último = cabeça seguinte.get-next()
self.assertTrue(last.get_data() == "Jacob")
def test positive _search(self):
self.list.insert("Jacob")
self.list.insert("Pallymay")
self.list.insert("Rasmus")
found = self.list.search("Jacob")
seli'.assertTrue(ioiind.get. data() == "Jacob")
found = self.list.search("Pallymay")
self.assertTrue(found.get _data() == "Pallymay")
found = self.list.search("Jacob")

```
seli'.assertTrue(iound.get. data() == "Jacob")
def test_searchNone(self):
self.list.insert("Jacob")
self.list.insert("Pallymay")
# certificar-se de que a pesquisa de registos funciona
found = self.list.search("Jacob")
self.assertTrue(found.get _data() == "Jacob")
com self.assertRaises(ValueError):
self.list.search("Vincent")
def test_delete(self):
self.list.insert("Jacob")
self.list.insert("Pallymay")
self.list.insert("Rasmus")
#    Eliminar o cabeçalho da lista
self.list.delete("Rasmus")
self.assertTrue(self.list.head.get _data() == "Pallymay")
#    Eliminar a cauda da lista
self.list.delete("Jacob")
self.assertTrue(self.list.head.get _next() is None)
def test_delete _value _not in list(self):
self.list.insert("Jacob")
self.list.insert("Pallymay")
self.list.insert("Rasmus")
com self.assertRaises(ValueError):
self.list.delete("Sunny")
def test_delete _empty Jist(self):
com self.assertRaises(ValueError):
self.list.delete("Sunny")
def test _delete _next _reassignment(self) : self.list.msert("Jacob")
self.list.insert("Cid")
self.list.insert("Pallymay")
self.list.insert("Rasmus")
self.list.delete("Pallymay")
self.list.delete("Cid")
self.assertTrue(self.list.head.next node.getdata() == "Jacob")
```

Código fonte para criar, inserir e eliminar a implementação de uma lista ligada simples:

```
classe Node(object):
def_init .(self, data, next):
self.data= dados
self.next= próximo
classe SingleList(object):
cabeça =Nenhum
cauda =Nenhum
def show(self):
print "A mostrar dados da lista:"
nó_actual = auto.head
```

```
enquanto nó_actual não éNenhum:
print nó_actual.dados," -¿ ",
nó_actual = nó_actual.seguinte
printNone
def append(self, data):
nó = Nó(dados,Nenhum)
seauto.cabeçaéNenhuma:
self.head= self.tail= node
e mais:
self.tail.next= node self.tail= node def remove(self, node _value): current_node = self.head
nó_anterior =Nenhum
enquanto nó_actual não éNenhum:
se _nó.dados actuais== nó _valor:
#    se este for o primeiro nó (cabeça)
se nó_anterior não forNenhum:
nó_previus.seguinte= nó_actual. seguinte senão:
self.head= current_node.next
# necessário para a iteração seguinte nó_anterior = nó_actual nó_actual = nó_actual.seguinte
s = SingleList()
s.append(31)
s.append(2)
s.append(3)
s.append(4)
s.show()
s.remover(31)
s.remover(3)
s.remover(2)
s.show()
```

Utilizar um nó de cabeçalho:

Um nó de cabeçalho é um nó fictício especial que se encontra na frente da lista. A utilização do nó de cabeçalho é uma alternativa para remover o primeiro nó de uma lista. Por exemplo, a figura abaixo mostra como a lista com os dados 10, 20 e 30 seria representada usando uma lista ligada sem e com um nó de cabeçalho:

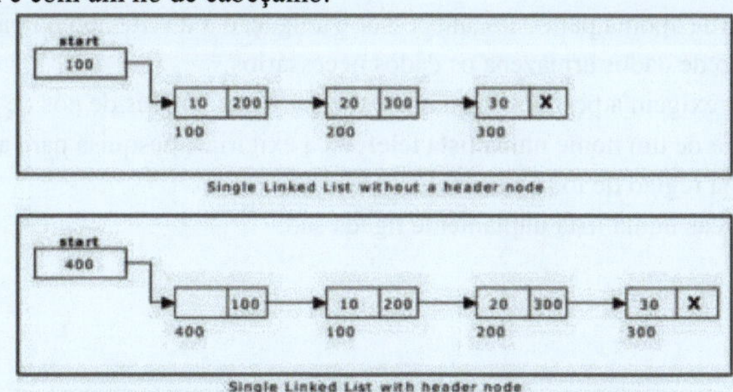

FIGURA 3.6: Lista ligada simples com nó de cabeçalho

Note que se as suas listas ligadas incluírem um nó de cabeçalho, não há necessidade do código de caso especial dado acima para a operação de remoção; o nó n nunca pode ser o primeiro nó na lista, por isso não há necessidade de verificar esse caso. Da mesma forma, a existência de um nó de cabeçalho pode simplificar o código que adiciona um nó antes de um determinado nó n.

Note-se que se decidir utilizar um nó de cabeçalho, deve lembrar-se de inicializar uma lista vazia para conter um nó (fictício), deve lembrar-se de não incluir o nó de cabeçalho na contagem de nós "reais" na lista.

É também útil quando são necessárias outras informações para além das que se encontram em cada nó da lista. Por exemplo, imagine uma aplicação em que o número de itens de uma lista é frequentemente calculado. Em uma lista ligada padrão, a função de lista para contar o número de nós tem que percorrer toda a lista todas as vezes. No entanto, se o comprimento atual for mantido num nó de cabeçalho, essa informação pode ser obtida muito rapidamente.

3.5. Listas ligadas baseadas em matrizes: Outra alternativa é alocar os nós em blocos. De facto, se se souber antecipadamente a dimensão máxima de uma lista, é possível atribuir previamente os nós numa única matriz. O resultado é uma estrutura híbrida - uma lista ligada baseada numa matriz. mostra um exemplo de lista ligada simples com terminação nula em que todos os nós são atribuídos de forma contígua numa matriz.

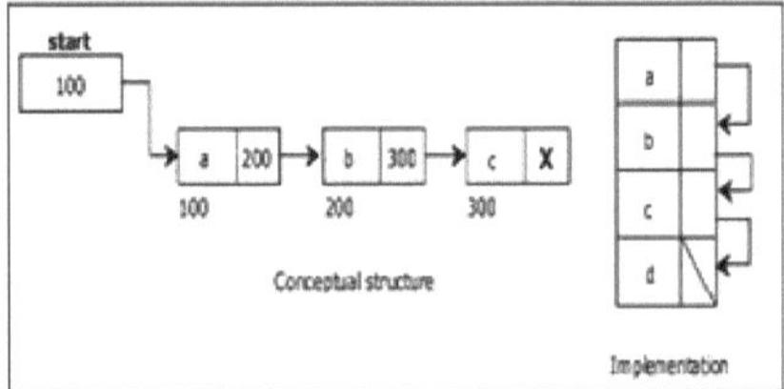

FIGURA 3.7: Lista ligada simples com estrutura concetual de nó de cabeçalho

3.3 Lista ligada dupla

Uma lista duplamente ligada é uma lista bidirecional em que todos os nós têm duas ligações. Isto ajuda a aceder tanto ao nó sucessor como ao nó antecessor a partir de uma dada posição do nó. Permite uma deslocação bidirecional. Cada nó contém três campos:

- Ligação à esquerda.
- Dados.
- Ligação correta.

A ligação à esquerda aponta para o nó antecessor e a ligação à direita aponta para o nó sucessor. O campo de dados armazena os dados necessários.

Muitas aplicações exigem a pesquisa para a frente e para trás através de nós de uma lista. Por exemplo, a procura de um nome numa lista telefónica exigiria a pesquisa para a frente e para trás através de uma região de toda a lista.

As operações básicas numa lista duplamente ligada são:

- Criação.
- Inserção.
- Supressão.

Atravessar.

Uma lista duplamente encadeada é mostrada na figura

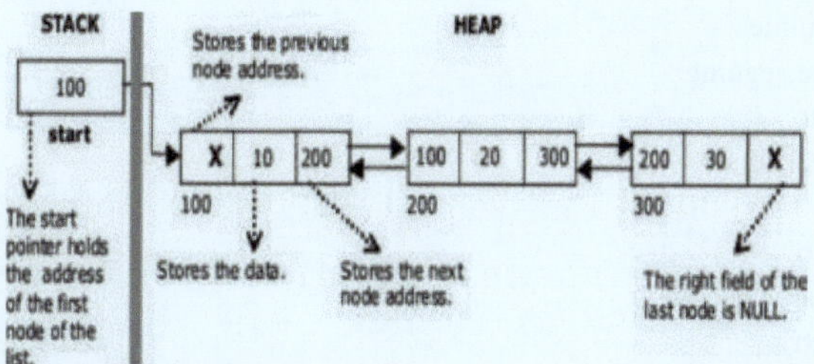

FIGURA 3.8: Uma lista duplamente ligada

O início da lista ligada dupla é armazenado num ponteiro "start" que aponta para o primeiro nó. A ligação esquerda do primeiro nó e a ligação direita do último nó são definidas como NULL.

Percorrer e visualizar uma lista (da esquerda para a direita):

Para visualizar as informações, é necessário percorrer a lista, nó a nó, a partir do primeiro nó, até chegar ao fim da lista. A função traverse Jeft _right() é utilizada para percorrer e apresentar as informações armazenadas na lista da esquerda para a direita.

Percorrer e visualizar uma lista (da direita para a esquerda):

Para visualizar as informações da direita para a esquerda, é necessário percorrer a lista, nó a nó, a partir do primeiro nó, até chegar ao fim da lista. A função traverse _right_left() é utilizada para percorrer e apresentar as informações armazenadas na lista da direita para a esquerda.

Código fonte para a implementação de uma Double Linked List:

```
classe DList:
def __init__ (self):
self.head = Nenhum
self.size = 0
def insert(self, data): self.size += 1
se self.head for None:
self.head = Nó(dados)
e mais:
p = Nó(dados)
p.next =  self.head
self.head.previous = p
self.head = p
def remove(self, index):
se self.head for None:
raise ValueError('Removendo de uma lista vazia')
se índice ¡ 0 ou índice ¿= self.size:
raise IndexError("O índice é negativo ou maior do que o tamanho da lista.") current =
self.head
se o índice == 0:
self.head =  self.head.next
self.head.previous = Nenhum
e mais:
for in range(index -1):
```

```
atual = atual.seguinte
p = atual.seguinte.seguinte
se p for Nenhum:
atual.seguinte = Nenhum
e mais:
atual.seguinte = p
p.previous = atual
def __sizeof_(self):
return self.size
def __repr_(self):
res = '[ '
atual = self.head
enquanto a corrente não for Nenhuma:
res += str(dados actuais)
res += ' '
atual = atual.seguinte
res += ']' return res
classe Nó:
def __init_(self, data):
se os dados forem Nenhum:
raise ValueError('O valor do nó não pode ser Nenhum')
self.data = dados
self.previous = Nenhum
self.next = Nenhum
Código fonte para a implementação de uma lista ligada dupla: class Node(object):
def_init (self, data, prev, next):
self.data= dados
self.prev=  prev
self.next= próximo
classe DoubleList(object):
cabeça =Nenhum
cauda =Nenhum
def append(self, data):
novo_nó = Nó(dados,Nenhum,Nenhum)
seauto.cabeçaéNenhuma:
self.head= self.tail=  new_node
e mais:
novo_nó.prev= auto.tail
novo_nó.seguinte=N um
self.tail.next=  new_node
self.tail=  new_node
def remove(self, node _value):
nó_actual = auto.head
enquanto nó_actual não éNenhum:
se _nó.dados actuais== nó _valor:
# se não for o primeiro elemento
```

```
se nó_actual.previsnotNone:
atual _node.prev.next= nó atual.next
atual _nó.seguinte.anterior= actual_nó.anterior
e mais:
# caso contrário não temos nenhum prev (é None), head é o próximo e prev torna-se None
self.head= current_node.next
nó_actual.seguinte.anterior=N um
nó_actual = nó_actual.seguinte
def show(self):
print "Mostrar dados da lista:"
nó_actual = auto.head
enquanto nó_actual não éNenhum:
print current _node.prev.dataifhasattr(current _node.prev, "data")elseNone,
print nó_actual.dados,
print current _node.next.dataifhasattr(current _node.next, "data")elseNone
nó_actual = nó_actual.seguinte
imprimir "*"*50
d = DoubleList()
d.append(5)
d.append(6)
d.append(50)
d.append(30)
d.show()
d.remover(50)
d.remover(5)
d.show()
```

3.4 Lista ligada simples circular

É apenas uma lista ligada simples em que o campo de ligação do último nó aponta para o endereço do primeiro nó. Uma lista ligada circular não tem início nem fim. É necessário estabelecer um ponteiro especial chamado ponteiro de início que aponta sempre para o primeiro nó da lista. As listas ligadas circulares são frequentemente utilizadas em vez das listas ligadas normais porque muitas operações são muito mais fáceis de implementar. Na lista ligada circular não são utilizados apontadores nulos, pelo que todos os apontadores contêm endereços válidos.

Criar uma lista ligada simples circular com um número 'n' de nós:

início

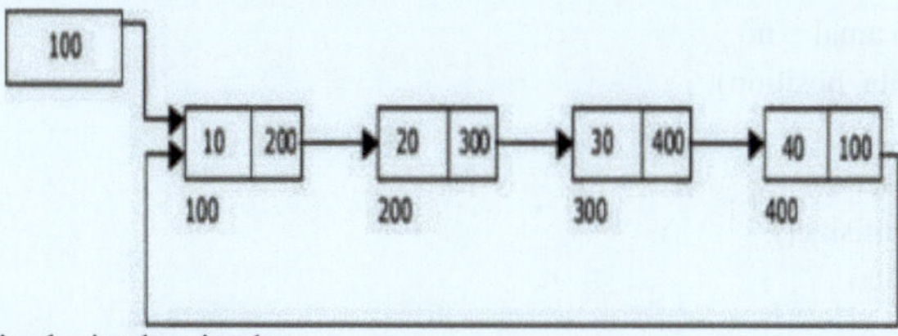

FIGURA 3.9: Lista ligada simples circular

As operações básicas numa lista ligada simples circular são:

- Criação.
- Inserção.

-Eliminação.

- Atravessar.

Código fonte para uma lista circular de ligação simples: from enum import Enum
class NodeConstants(Enum):
FRONT-NODE = 1
classe Nó:
def __init-(self, element=None, next node=None):
self.element = elemento
self.next-node = next -node
def __str_(self):
se self.element:
return self.element.-str X)
e mais:
return 'Nó vazio'
def __repr_(self):
return self._str _()
classe CircularLinkedList:
def --init-(self):
self.head = Nó(element=NodeConstants.FRONT NODE)
self.head.next-node = self.head
def size(self):
contagem = 0
atual = self.head.next. node while current != self.head:
contagem += 1
atual = atual.próximo.nó
contagem de retorno
def insert_front(self, data):
nó = Nó(elemento=dados, nó seguinte= self.head.next_node)
self.head.next_node = nó
def insert_last(self, data):
nó_actual = auto.head.next_node
while nó_actual.próximo_nó != auto.cabeça:
nó_actual = nó_actual.nó_seguinte
nó = Nó(element=data, next_node= current_node.next _node)
nó de texto de nó atual = nó
def insert(self, data, position):
se a posição == 0:
self.insert_front(data)
elif posição == self.size():
self.insert_last(data)
e mais:
se 0 ¡ posição ¡ self.size():
nó_actual = auto.head.next _node
posição_actual = 0

```
while pos_atual ¡ posição - 1:
posição_actual += 1
nó_actual = nó_actual.seguinte _nó
nó = Nó(dados, nó_actual.nó_seguinte)
nó_actual.nó_seguinte = nó
e mais:
raise IndexError
def remove lirst(sell'):
self.head.next_node = self.head.next_node.next_node
def remove_last(self):
nó_actual = auto.head.next_node
while nó_actual.nó_seguinte.nó_seguinte != auto.cabeça:
nó_actual = nó_actual.nó_seguinte
nó_actual.nó_seguinte = auto.cabeça
def remove(self, position):
se a posição == 0:
self.remove first()
elif posição == self.size():
self.remove_last()
e mais:
se 0 ¡ posição ¡ self.size():
nó_actual = auto.head.next _nó nó_actual = 0
while pos_atual ¡ posição - 1:
nó_actual = nó_actual.nó_seguinte
posição_actual += 1
nó_actual.próximo_nó = nó_actual.próximo_nó.próximo_nó
e mais:
raise IndexError
def fetch(self, position):
se 0 ¡= posição ¡ self.size():
nó_actual = auto.head.next _node
posição_actual = 0
enquanto pos_atual ¡ posição:
nó_actual = nó_actual.nó_seguinte
posição_actual += 1
return nó_actual.elemento
e mais:
raise IndexError
importar unittest
from random import randint
classe TestCircularLinkedList(unittest.TestCase):
nomes = ['Bob Belcher',
Linda Belcher,
Tina Belcher",
Gene Belcher",
"Louise Belcher"]
```

```
def test_init(self):
dll = CircularLinkedList()
self.assertIsNotNone(dll.head)
self.assertEqual(dll.size(), 0)
def test_insert_front(self):
dll = CircularLinkedList()
para nome em TestCircularLinkedList.names:
dll. insert_front(name)
self.assertEqual(dll.fetch(0), TestCircularLinkedList.names[4])
self.assertEqual(dll.fetch(1), TestCircularLinkedList.names[3])
self.assertEqual(dll.fetch(2), TestCircularLinkedList.names[2])
self.assertEqual(dll.fetch(3), TestCircularLinkedList.names[1])
self.assertEqual(dll.fetch(4), TestCircularLinkedList.names[0])
def test_insert_last(self):
dll = CircularLinkedList()
para nome em TestCircularLinkedList.names:
dll.msertJast(nome)
for i in range(len(TestCircularLinkedList.names) - 1):
self.assertEqual(dll.fetch(i), TestCircularLinkedList.names[i])
def test_insert(self):
dll = CircularLinkedList()
para nome em TestCircularLinkedList.names:
dll.msert_last(nome)
pos = randint(0, len(TestCircularLinkedList.names) - 1)
dll.insert('Teddy', pos)
self.assertEqual(dll.fetch(pos), 'Teddy')
def test_remove_first(self):
dll = CircularLinkedList()
para nome em TestCircularLinkedList.names:
dll.insert_last(name)
for i in range(dll.size(), 0, -1):
self.assertEqual(dll.size(), i)
dll.remove_first()
def test _remove Jast(self):
dll = CircularLinkedList()
para nome em TestCircularLinkedList.names:
dll.insert_last(name)
for i in range(dll.size(), 0, -1):
self.assertEqual(dll.size(), i)
dll.remove_last()
def test _remove(self):
dll = CircularLinkedList()
para nome em TestCircularLinkedList.names:
dll.insertJast(name)
dll.remove(1)
self.assertEqual(dll.fetch(0), 'Bob Belcher')
```

```
self.assertEqual(dll.fetch(1), 'Tina Belcher')
self.assertEqual(dll.fetch(2), 'Gene Belcher')
self.assertEqual(dll.fetch(3), 'Louise Belcher') if __name __ == '_ main h
unittest.main()
```

3.5 Lista ligada dupla circular

Uma lista ligada dupla circular tem o ponteiro sucessor e o ponteiro antecessor de forma circular. O objetivo da lista ligada dupla circular é simplificar as operações de inserção e eliminação efectuadas na lista ligada dupla. Numa lista ligada dupla circular, a ligação direita do nó mais à direita aponta para o nó inicial e a ligação esquerda do primeiro nó aponta para o último nó.

Uma lista circular duplamente encadeada é apresentada na figura

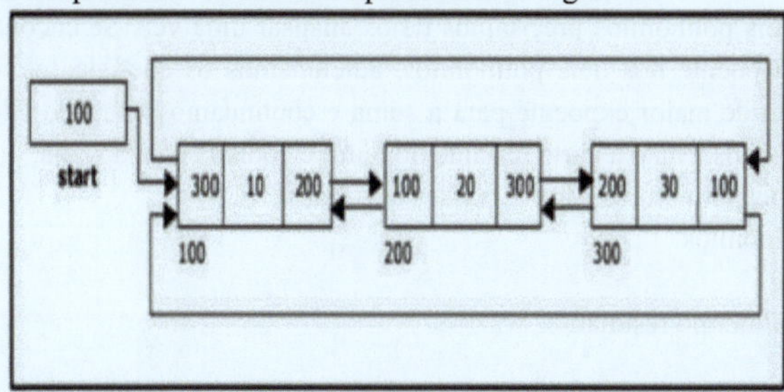

FIGURA 3.10: Criação de uma lista duplamente ligada circular com um número 'n' de nós

As operações básicas numa lista ligada dupla circular são:

- Criação.
- Inserção.
- Supressão.
- Atravessar.

Comparação de variações de listas ligadas:

A principal desvantagem das listas duplamente ligadas (em relação às listas ligadas simples) é o facto de necessitarem de mais espaço (cada nó tem dois campos de ponteiro em vez de um). Além disso, o código para manipular as listas duplamente ligadas precisa de manter os campos anterior e seguinte; quanto mais campos tiverem de ser mantidos, maior é a probabilidade de ocorrerem erros.

A principal vantagem das listas duplamente ligadas é o facto de tornarem mais eficientes algumas operações (como a remoção de um determinado nó ou a passagem da lista da direita para a esquerda).

A principal vantagem das listas circulares (em relação às listas não circulares) é o facto de eliminarem algum código extracase para algumas operações (como a eliminação do último nó). Além disso, algumas aplicações conduzem naturalmente a representações de listas circulares. Por exemplo, a melhor forma de modelar uma rede de computadores é utilizando uma lista circular.

Polinómios:

Um polinómio tem a forma: i n i ci

Em que, ci é o coeficiente do i-ésimo termo e

n é o grau do polinómio

Alguns exemplos são:
5x2 + 3x + 1
12x3 - 4x
5x4 - 8x3 + 2x2 + 4x1 + 9x0

Não é necessário escrever os termos dos polinómios por ordem decrescente de grau. Por outras palavras, os dois polinómios 1 + x e x + 1 são equivalentes.

A implementação informática requer a implementação de polinómios como uma lista de pares de coeficiente e expoente. Cada um destes pares constituirá uma estrutura, pelo que um polinómio será representado como uma lista de estruturas.

Uma estrutura de lista ligada que representa os polinómios 5x4 - 8x3 + 2x2 + 4x1 + 9x0

Adição de polinómios:

Para adicionar dois polinómios precisamos de os analisar uma vez. Se encontrarmos termos com o mesmo expoente nos dois polinómios, adicionamos os coeficientes; caso contrário, copiamos o termo de maior expoente para a soma e continuamos. Quando chegamos ao fim de um dos polinómios, então a parte restante do outro é copiada para a soma.

Para adicionar dois polinómios, siga os passos seguintes:

- Ler dois polinómios
- Adicione-os.
- Mostrar o polinómio resultante.

Capítulo 4

ESTRUTURAS DE DADOS NÃO LINEARES

Resultados do curso

Após a conclusão bem-sucedida deste módulo, os alunos devem ser capazes de

CO 1	**Construir** programas sobre a execução de operações em estruturas de dados lineares e não lineares para a organização de dados	Aplicar
CO 2	**Utilizar** estruturas de dados lineares e estruturas de dados não lineares para resolver aplicações em tempo real.	Aplicar
CO 3	**Comparar** vários tipos de estruturas de dados em termos de implementação, operações e desempenho.	Analisar

4.1 Conceitos básicos das árvores

Uma árvore é um conjunto não vazio do qual um elemento é designado por raiz da árvore, enquanto os restantes elementos são particionados em conjuntos não vazios, cada um dos quais é uma sub-árvore da raiz.

Uma árvore T é um conjunto de nós que armazenam elementos de tal forma que os nós têm uma relação pai-filho que satisfaz o seguinte

- Se T não for vazio, T tem uma árvore especial chamada raiz que não tem pai.
- Cada nó v de T diferente da raiz tem um único nó pai w; cada nó com pai w é um filho de w.

Os nós das árvores têm muitas propriedades úteis. A profundidade de um nó é o comprimento do caminho (ou o número de arestas) desde a raiz até esse nó. A altura de um nó é o caminho mais longo desde esse nó até às suas folhas. A altura de uma árvore é a altura da raiz. Um nó folha não tem filhos - o seu único caminho é até ao seu pai.

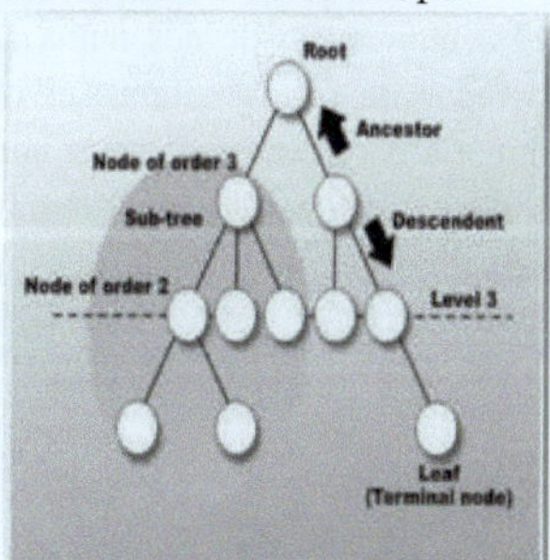

FIGURA 4.1: Árvores

Árvore binária:

Numa árvore binária, cada nó pode ter, no máximo, dois filhos. Uma árvore binária ou está vazia ou é constituída por um nó chamado raiz, juntamente com duas árvores binárias chamadas subárvore esquerda e subárvore direita.

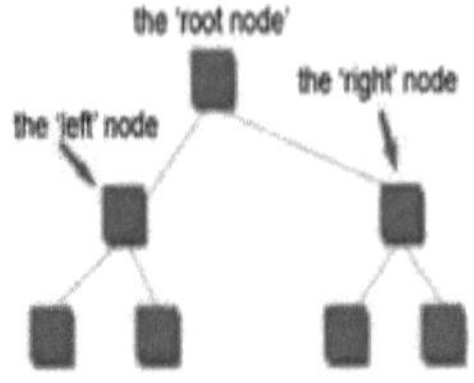

nós "irmãos
UMA ÁRVORE BINÁRIA

FIGURA 4.2: Árvore binária

Terminologia das árvores:
Nó folha
Um nó sem filhos é designado por folha (ou nó externo). Um nó que não é uma folha é chamado de nó interno.
Caminho: Uma sequência de nós n1, n2, . . ., nk, tal que ni é o pai de ni + 1 para i = 1, 2,. . ., k - 1. ., k - 1. O comprimento de um caminho é 1 a menos que o número de nós no caminho. Assim, existe um caminho de comprimento zero de um nó até ele próprio.
Irmãos: Os filhos do mesmo progenitor são designados por irmãos.
Ancestral e descendente Se existe um caminho do nó A para o nó B, então A é chamado de ancestral de B e B é chamado de descendente de A.
Subárvore: Qualquer nó de uma árvore, com todos os seus descendentes, é uma subárvore.
Nível: O nível do nó refere-se à sua distância em relação à raiz. A raiz da árvore tem o nível O, e o nível de qualquer outro nó da árvore é mais um do que o nível do seu pai.
O número máximo de nós em qualquer nível é 2n.
Altura: O nível máximo numa árvore determina a sua altura. A altura de um nó numa árvore é o comprimento do caminho mais longo desde o nó até uma folha. O termo profundidade também é utilizado para designar a altura da árvore.
Profundidade: A profundidade de um nó é o número de nós ao longo do caminho desde a raiz até esse nó.
Atribuição de números de nível e numeração de nós numa árvore binária: Os nós de uma árvore binária podem ser numerados de forma natural, nível a nível, da esquerda para a direita. Os nós de uma árvore binária completa podem ser numerados de modo a que à raiz seja atribuído o número 1, a um filho da esquerda seja atribuído o dobro do número atribuído ao seu progenitor e a um filho da direita seja atribuído mais um do que o dobro do número atribuído ao seu progenitor.

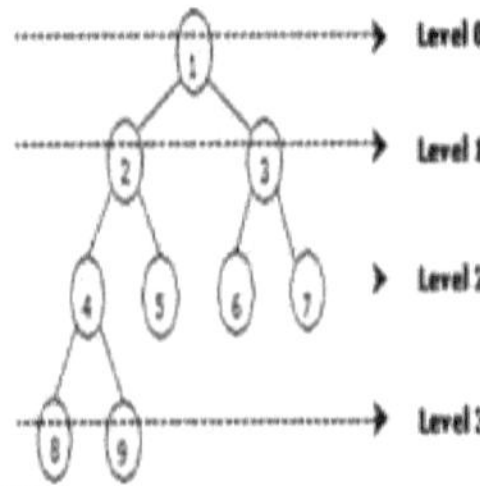

FIGURA 4.3: Árvore Binária - Profundidade

Propriedades das árvores binárias:

Algumas das propriedades importantes de uma árvore binária são as seguintes

1. Se h = altura de uma árvore binária, então

a. Número máximo de folhas = 2h

b. Número máximo de nós = 2h + 1 - 1

2. Se uma árvore binária contém m nós no nível l, contém no máximo 2m nós no nível l + 1.

3. Como uma árvore binária pode conter no máximo um nó no nível 0 (a raiz), ela pode conter no máximo 2l nós no nível l.

4. O número total de arestas numa árvore binária completa com n nós é n - 1.

Árvore estritamente binária:

Se cada nó não-folha de uma árvore binária tiver subárvores esquerda e direita não vazias, a árvore é designada por árvore estritamente binária. Assim, a árvore da figura 7.2.3(a) é estritamente binária. Uma árvore estritamente binária com n folhas contém sempre 2n - 1 nós.

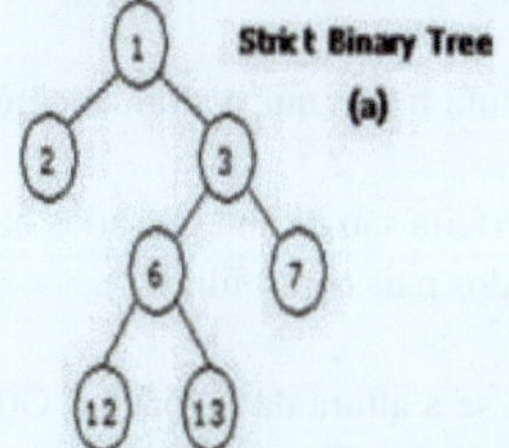

FIGURA 4.4: Árvore estritamente binária

Árvore binária completa:

Uma árvore binária completa de altura h tem todas as suas folhas no nível h. Alternativamente; Todos os nós não-folha de uma árvore binária completa têm dois filhos, e os nós-folha não têm filhos. Uma árvore binária completa de altura h tem 2h + 1 - 1 nós. Uma árvore binária completa de altura h é uma árvore estritamente binária cujas folhas estão todas ao nível h.

Por exemplo, uma árvore binária completa de altura 3 contém 23+1 - 1 = 15 nós.

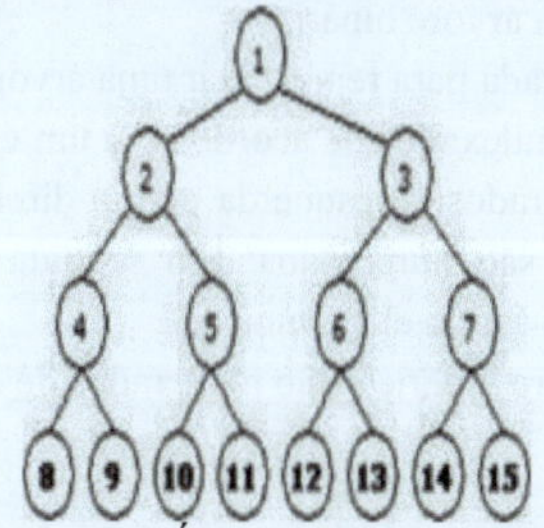

FIGURA 4.5: Árvore binária completa

Árvore binária completa:

Uma árvore binária com n nós é dita completa se contiver todos os primeiros n nós do esquema de numeração acima.

Uma árvore binária completa de altura h assemelha-se a uma árvore binária completa até ao nível h-1, e o nível h é preenchido da esquerda para a direita.

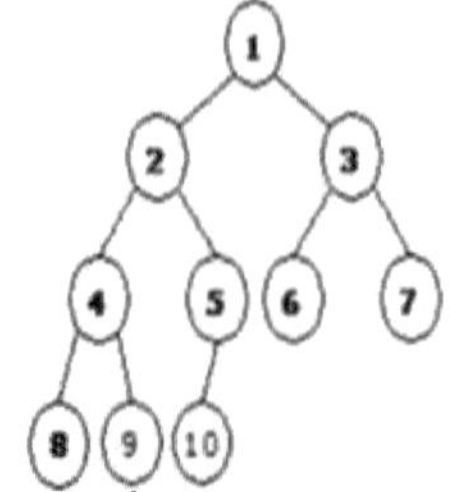
FIGURA 4.6: Árvore Binária Completa

Árvore binária perfeita:
Uma árvore binária é uma árvore binária perfeita em que todos os nós internos têm dois filhos e todas as folhas estão ao mesmo nível.
Uma árvore binária perfeita de altura h (em que a altura é o número de nós no caminho da raiz para a folha) tem 2h - 1 nós.
Um exemplo de árvore binária perfeita são os antepassados na família. Manter uma pessoa na raiz, os pais como filhos, os pais dos pais como filhos.
Árvore binária equilibrada:
Uma árvore binária é equilibrada se a altura da árvore for O(Log n), em que n é o número de nós. Por exemplo, a árvore AVL mantém uma altura O(Log n) certificando-se de que a diferença entre as alturas das subárvores esquerda e direita é 1. As árvores vermelho-preto mantêm uma altura O(Log n) certificando-se de que o número de nós pretos em cada caminho da raiz para a folha é o mesmo e que não existem nós vermelhos adjacentes. As árvores de pesquisa binária equilibrada têm um bom desempenho, uma vez que proporcionam um tempo O(log n) para pesquisa, inserção e eliminação.
Representação de árvores binárias:
1. Representação em matriz de uma árvore binária
2. Baseado em ponteiros.
Representação em matriz de uma árvore binária:
Uma única matriz pode ser utilizada para representar uma árvore binária.
Para tal, os nós são numerados/indexados de acordo com um esquema que vai do 0 à raiz. De seguida, todos os nós são numerados da esquerda para a direita, nível a nível, de cima para baixo. Os nós vazios também são numerados. Em seguida, cada nó com um índice i é colocado na matriz como o seu i-ésimo elemento.
Na figura abaixo, os nós da árvore binária estão numerados de acordo com o esquema dado.

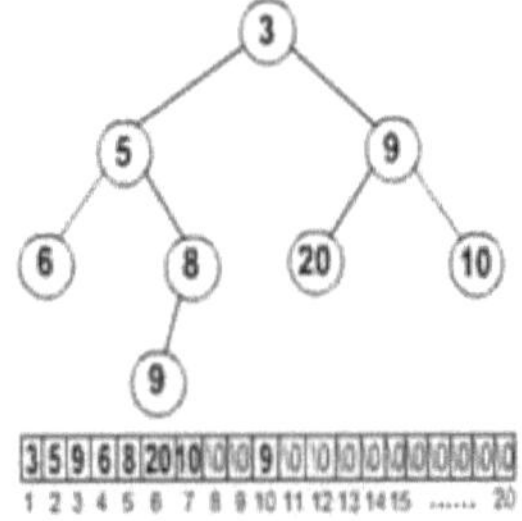
FIGURA 4.7: Árvore binária completa

A figura mostra como uma árvore binária é representada como uma matriz. A raiz 3 é o 0º elemento e o seu filho esquerdo 5 é o 1º elemento da matriz. O nó 6 não tem nenhum filho, pelo que os seus filhos, ou seja, o 7.º e o 8.º elementos da matriz, são apresentados como um valor nulo.

Verifica-se que, se n é o número ou o índice de um nó, então o seu filho esquerdo ocorre na posição (2n + 1) e o filho direito na posição (2n + 2) da matriz. Se um nó não tiver nenhum dos seus filhos, então o valor nulo é armazenado no índice correspondente da matriz.

O programa seguinte implementa a árvore binária acima numa forma de matriz. E depois percorre a árvore por ordem.

```
# Implementação Python para construir uma Árvore Binária a partir de
# matriz pai
# Uma estrutura de nós
classe Nó:
# Uma função de utilidade para criar um novo nó
def __init__(self, key):
self.key = chave
self.left = Nenhum
self.right = Nenhum
""" Cria um nó com a chave 'i'. Se i for raiz, então
altera a raiz. Se o pai de i não for criado, então
cria primeiro o pai
"""
def createNode(parent, i, created, root):
# Se este nó já tiver sido criado
se created[i] não for Nenhum:
retorno
# Criar um novo nó e definir created[i]
criado[i] = Nó(i)
# Se 'i' for a raiz, alterar o ponteiro da raiz e devolver
se pai[i] == -1:
root[0] = created[i] # root[0] denota a raiz da árvore
retorno
# Se a empresa-mãe não tiver sido criada, criar primeiro a empresa-mãe
se created[parent[i]] for None: createNode(parent, parent[i], created, root )
# Procurar ponteiro pai
p = criado[pai[i]]
# Se este for o primeiro filho do progenitor
se p.left for Nenhum:
p.left = created[i]
# Se o segundo filho
e mais:
p.right = created[i]
# Cria uma árvore a partir do pai[0..n-1] e retorna a raiz da árvore
# árvore criada
def createTree(parent):
n = len(pai)
```

```
#	Criar uma matriz created[] para manter o controlo
#	dos nós criados, inicializar todas as entradas como None created = [None for i in
range(n+1)]
raiz = [Nenhum]
para i em range(n):
createNode(parent, i, created, root)
retornar raiz[0]
#Passagem por ordem da árvore
def inorder(root):
se a raiz não for Nenhum:
em ordem(raiz.esquerda)
print root.key,
em ordem(raiz.direita)
# Método do condutor
pai = [-1, 0, 0, 1, 1, 3, 5]
root = createTree(parent)
print "Travessia por ordem da árvore construída"
```

Representação ligada de uma árvore binária (baseada em ponteiros):

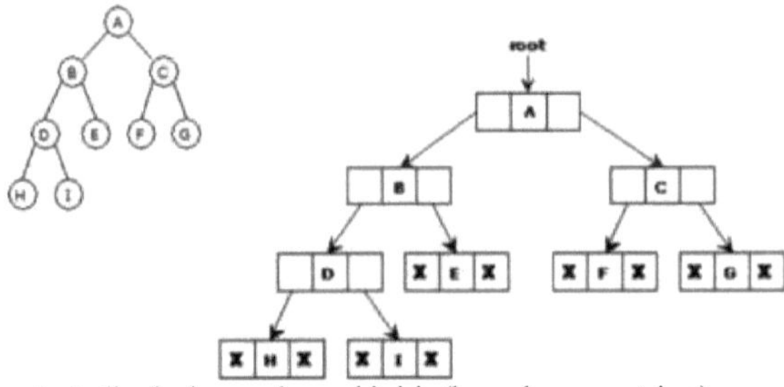

FIGURA 4.8: Representação ligada de uma árvore binária (baseada em ponteiros):

As árvores binárias podem ser representadas por ligações em que cada nó contém o endereço do filho esquerdo e do filho direito. Se um nó tiver o seu filho esquerdo ou direito vazio, terá no seu respetivo campo de ligação um valor nulo. Um nó folha tem um valor nulo em ambas as suas ligações.

```
#	Programa Python para criar uma Árvore Binária Completa a partir de
#	a sua representação em lista ligada
#	Nó de lista ligada
classe ListNode:
#	Construtor para criar um novo nó
def __init__(self, data):
self.data = dados
self.next = Nenhum
#	Árvore binária Estrutura de nós
classe BinaryTreeNode:
#	Construtor para criar um novo nó
def _init_(self., data):
self.data = dados
self.left = Nenhum
```

```
self.right = Nenhum
#    Classe para converter a lista ligada em Árvore Binária
classe Conversão:
#    Construtor para armazenar a cabeça da lista ligada
#    e raiz para a Árvore Binária def __init__(self, data = None):
self.head = Nenhum
self.root = Nenhum
def push(self, new_data):
#    Criar um novo nó de lista ligada e armazenar dados
new_node = ListNode(new_data)
#    Tornar o nó seguinte do novo nó como cabeça
novo_nó.seguinte = auto.cabeça
#    Mover a cabeça para apontar para o novo nó
self.head = new_node
def convertList2Binary(self):
#    Fila de espera para armazenar os nós pai
q = []
#    Caso de base
se self.head for None:
self.root = Nenhum
retorno
#    1.) O primeiro nó é sempre o nó raiz,
#    e adicioná-lo à fila de espera
self.root = BinaryTreeNode(self.head.data)
q.append(self.root)
#    Avança o ponteiro para o nó seguinte
self.head = self.head.next
#    Até o fim da lista ligada ser atingido, fazer:
while(self.head):
#    2.a) Retirar o nó pai do nó q e
#    e removê-lo de q
pai = q.pop(0) # Frente da fila
#    2.c) Retirar os dois nós seguintes da lista ligada.
#    Vamos adicioná-los como filhos do atual
#    nó pai no passo 2.b.
#    Colocá-los na fila de espera para que sejam
#    pai do nó futuro
leftChild= Nenhum
rightChild = Nenhum
leftChild = BinaryTreeNode(self.head.data)
q.append(leftChild)
self.head = self.head.next
if(self.head):
rightChild = BinaryTreeNode(self.head.data)
q.append(rightChild)
self.head = self.head.next
```

```
#   2.b) Atribuir os filhos esquerdo e direito do pai
parent.left =  leftChild
parent.right =  rightChild
def inorderTraversal(self, root):
se(raiz):
self.inorderTraversal(root.left)
print root.data,
self.inorderTraversal(root.right)
#   Programa de condutor para testar a função acima referida
#   Objeto da classe de conversão
conv = Conversão()
conv.push(36)
conv.push(30)
conv.push(25)
conv.push(15)
conv.push(12)
conv.push(10)
conv.convertList2Binary()
print "A travessia por ordem da árvore binária construída é:"
conv.inorderTraversal(conv.root)
```

4.1.1 Travessias de árvores binárias:

Percorrer uma árvore binária significa visitar cada nó da árvore exatamente uma vez. A travessia de árvores é utilizada em todas as suas aplicações.

Numa lista linear, os nós são visitados do primeiro ao último, mas como uma árvore não é linear, precisamos de regras definidas. Há várias maneiras de percorrer uma árvore. Todas elas diferem apenas na ordem em que visitam os nós.

Os três principais métodos de percorrer uma árvore são:

Passagem de ordem

Pré-encomenda de travessia

Passagem de pós-ordem

Em todos eles não é necessário fazer nada para percorrer uma árvore vazia. Todos os métodos de travessia são baseados em funções recursivas, uma vez que uma árvore binária é ela própria recursiva, pois cada filho de um nó numa árvore binária é ele próprio uma árvore binária

Inorder Traversal:

Para percorrer uma árvore não vazia por ordem, seguem-se recursivamente os passos seguintes.

Visitar a raiz

Percorrer a subárvore esquerda

Percorrer a sub-árvore direita

A travessia por ordem da árvore mostrada abaixo é a seguinte.

Pré-encomenda de travessia:

Travessia pós-ordem:

```
#   Programa Python para travessias de árvores
#   Uma classe que representa um nó individual numa
```

```
# Árvore binária
classe Nó:
def __init_(self,key) :
self.left = Nenhum
self.right = Nenhum
self.val = chave
# Uma função para efetuar a travessia de árvores por ordem
def printInorder(root):
se raiz:
# Primeira recorrência no filho esquerdo
printInorder(root.left)
# depois imprime os dados do nó
print(root.val),
# agora recorrem à criança da direita
printInorder(root.right)
# Uma função para fazer a travessia de árvore pós-ordem
def printPostorder(root):
se raiz:
# Primeira recorrência no filho esquerdo
printPostorder(root.left)
# o recorrente na criança direita
printPostorder(root.right)
# agora imprime os dados do nó
print(root.val),
# Uma função para fazer a travessia de árvore pós-ordem
def printPreorder(root):
se raiz:
# Primeiro imprime os dados do nó
print(root.val),
# Em seguida, repetir no filho esquerdo
printPreorder(root.left)
# Finalmente, recorrer à criança certa
printPreorder(root.right)
# Código do condutor
raiz = Nó(1)
raiz.esquerda = Nó(2)
raiz.direita = Nó(3)
raiz.esquerda.esquerda = Nó(4)
raiz.esquerda.direita = Nó(5)
print "A travessia de pré-ordem da árvore binária é"
printPreorder(root)
print " A travessia por ordem da árvore binária é"
printInorder(root)
print " A travessia pós-ordem da árvore binária é"
printPostorder(root)
```

Complexidade temporal: O(n 2).

Árvore de pesquisa binária:

A árvore de pesquisa binária é uma estrutura de dados em árvore binária baseada em nós que tem as seguintes propriedades

A sub-árvore esquerda de um nó contém apenas nós com chaves inferiores à chave do nó.

A sub-árvore direita de um nó contém apenas nós com chaves superiores à chave do nó.

Cada uma das sub-árvores esquerda e direita deve também ser uma árvore de pesquisa binária.

Não pode haver nós duplicados.

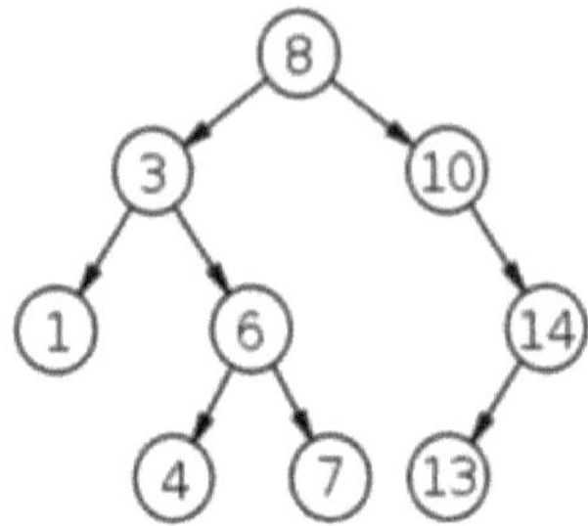

FIGURA 4.9: Complexidades temporais de vários algoritmos

As propriedades acima referidas da Árvore de Pesquisa Binária permitem ordenar as chaves de modo a que operações como a pesquisa, o mínimo e o máximo possam ser efectuadas rapidamente. Se não houver uma ordenação, podemos ter de comparar todas as chaves para procurar uma determinada chave.

Procurar uma chave:

Árvore de pesquisa binária:

A árvore de pesquisa binária é uma estrutura de dados em árvore binária baseada em nós que tem as seguintes propriedades

A sub-árvore esquerda de um nó contém apenas nós com chaves inferiores à chave do nó.

A sub-árvore direita de um nó contém apenas nós com chaves superiores à chave do nó.

Cada uma das sub-árvores esquerda e direita deve também ser uma árvore de pesquisa binária.

Não pode haver nós duplicados.

As propriedades acima referidas da Árvore de Pesquisa Binária permitem ordenar as chaves de modo a que operações como a pesquisa, o mínimo e o máximo possam ser efectuadas rapidamente. Se não houver uma ordenação, podemos ter de comparar todas as chaves para procurar uma determinada chave.

Pesquisa de uma chave

Para procurar uma determinada chave numa árvore de pesquisa binária, começamos por compará-la com a raiz; se a chave estiver presente na raiz, devolvemos a raiz. Se a chave for maior do que a chave da raiz, recorremos à sub-árvore direita do nó raiz. Caso contrário, recorremos à sub-árvore esquerda.

```
#   Uma função utilitária para pesquisar uma determinada chave em BST
def search(root,key):
#   Casos Base: a raiz é nula ou a chave está presente na raiz
se root for Nenhum ou root.val == chave:
regressar à raiz
```

A chave é maior do que a chave da raiz
se root.val ¡ key:
return search(raiz.direita,chave)
A chave é mais pequena do que a chave da raiz
return search(root.left,key)

Filas de espera prioritárias:

A fila de espera prioritária é uma extensão da fila de espera com as seguintes propriedades

1) Cada item tem uma prioridade associada.
2) Um elemento com prioridade elevada é retirado da fila antes de um elemento com prioridade baixa.
3) Se dois elementos tiverem a mesma prioridade, são servidos de acordo com a sua ordem na fila.

Uma fila de espera prioritária típica suporta as seguintes operações.
insert(item, prioridade): Insere um item com uma determinada prioridade.
getHighestPriority(): Devolve o item de prioridade mais elevada.
deleteHighestPriority(): Remove o item de prioridade mais elevada.

Fila de prioridades de implementação

Utilização de uma matriz: Uma implementação simples consiste em utilizar uma matriz com a seguinte estrutura.

A operação insert() pode ser implementada adicionando um item no final da matriz em tempo O(1). A operação getHighestPriority() pode ser implementada procurando linearmente o item de maior prioridade na matriz. Esta operação demora O(n) tempo.

A operação deleteHighestPriority() pode ser implementada começando por procurar linearmente um item e, em seguida, removendo o item movendo todos os itens subsequentes uma posição para trás.

Também podemos utilizar uma lista ligada. A complexidade temporal de todas as operações numa lista ligada é idêntica à de uma matriz. A vantagem da lista ligada é que a operação deleteHighestPriority() pode ser mais eficiente, uma vez que não é necessário mover os itens.

Aplicações das filas de espera prioritárias:

1) Programação da CPU
2) Algoritmos de grafos, como o algoritmo do caminho mais curto de Dijkstra, o Minimum Spanning Tree de Prim, etc. 3) Todas as aplicações de filas de espera em que a prioridade está envolvida.

Aplicação de árvores:

1. Uma razão para utilizar árvores pode ser o facto de se pretender armazenar informações que formam naturalmente uma hierarquia. Por exemplo, o sistema de ficheiros de um computador:

Se organizarmos as chaves sob a forma de uma árvore (com uma certa ordenação, por exemplo, BST), podemos procurar uma dada chave em tempo moderado (mais rápido do que uma lista ligada e mais lento do que arrays). As árvores de pesquisa auto-equilibradas, como as árvores AVL e Red-Black, garantem um limite superior de O(logn) para a pesquisa.

3) Podemos inserir/eliminar chaves em tempo moderado (mais rápido do que Arrays e mais lento do que Unordered Linked Lists). As árvores de pesquisa auto-equilibradas, como as árvores AVL e Red-Black, garantem um limite superior de O(logn) para a inserção/eliminação.

4) Tal como as listas ligadas e ao contrário das matrizes, a implementação de árvores com

ponteiros não tem um limite superior para o número de nós, uma vez que os nós são ligados através de ponteiros.

As utilizações mais comuns da árvore são as seguintes.

1. Manipular dados hierárquicos.
2. Facilitar a pesquisa de informações (ver passagem de árvore).
3. Manipular listas ordenadas de dados.
4. Como um fluxo de trabalho para a composição de imagens digitais para efeitos visuais.
5. Algoritmos de encaminhamento

4.2 Conceitos básicos de grafos:

O gráfico é uma estrutura de dados que consiste nos dois componentes seguintes:

1. Um conjunto finito de vértices, também designado por nós.
2. Um conjunto finito de pares ordenados da forma (u, v) é designado por aresta.

O par é ordenado porque (u, v) não é o mesmo que (v, u) no caso de um grafo direcionado (di-grafo). O par de forma (u, v) indica que existe uma aresta do vértice u para o vértice v. As arestas podem conter peso/valor/custo.

Gráfico e suas representações:

Os gráficos são utilizados para representar muitas aplicações da vida real: Os gráficos são utilizados para representar redes. As redes podem incluir caminhos numa cidade, uma rede telefónica ou uma rede de circuitos. Os grafos também são utilizados em redes sociais como o LinkedIn e o Facebook. Por exemplo, no facebook, cada pessoa é representada por um vértice (ou nó). Cada nó é uma estrutura e contém informações como a identificação, o nome, o género e a localidade da pessoa.

Segue-se um exemplo de grafo não direcionado com 5 vértices.

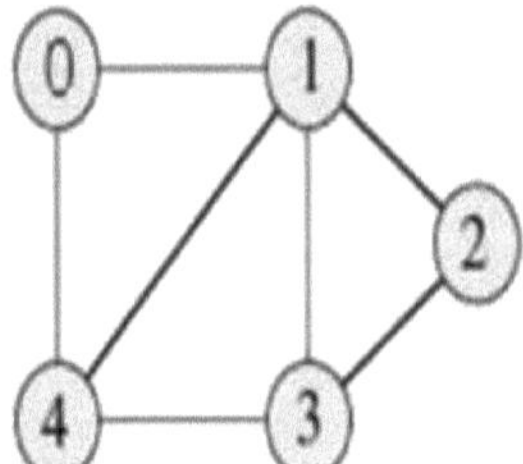

FIGURA 4.10: Complexidades temporais de vários algoritmos

As duas representações de gráfico mais utilizadas são as seguintes

1. Matriz de Adjacência
2. Lista de Adjacência

Existem outras representações, como a Matriz de Incidências e a Lista de Incidências. A escolha da representação gráfica é específica para cada situação. Depende totalmente do tipo de operações a efetuar e da facilidade de utilização.

Matriz de Adjacência:

A matriz de adjacência é uma matriz 2D de tamanho V x V, em que V é o número de vértices de um grafo. Se a matriz 2D for adj[][], uma ranhura adj[i][j] = 1 indica que existe uma aresta entre o vértice i e o vértice j. A matriz de adjacência de um grafo não direcionado é sempre simétrica. A matriz de adjacência também é utilizada para representar grafos ponderados. Se adj[i][j] = w, então existe uma aresta do vértice i para o vértice j com peso w.

A matriz de adjacência para o grafo do exemplo acima é:

	0	1	2	3	4
0	0	1	0	0	1
1	1	0	1	1	1
2	0	1	0	1	0
3	0	1	1	0	1
4	1	1	0	1	0

FIGURA 4.11: Representação da matriz de adjacência do grafo acima

Prós: A representação é mais fácil de implementar e seguir. A remoção de uma aresta demora O(1) tempo. Consultas como se existe uma aresta do vértice "u" para o vértice "v" são eficientes e podem ser efectuadas em O(1).

Contras: Consome mais espaço O(V2). Mesmo que o grafo seja esparso (contenha um menor número de arestas), consome o mesmo espaço. A adição de um vértice demora O(V2) tempo.

Lista de Adjacência:

É utilizada uma matriz de listas ligadas. O tamanho da matriz é igual ao número de vértices. Seja a matriz uma matriz[]. Uma entrada array[i] representa a lista ligada de vértices adjacentes ao i-ésimo vértice. Esta

Esta representação também pode ser utilizada para representar um grafo ponderado. Os pesos das arestas podem ser armazenados nos nós das listas ligadas. Segue-se a representação em lista de adjacência do grafo acima.

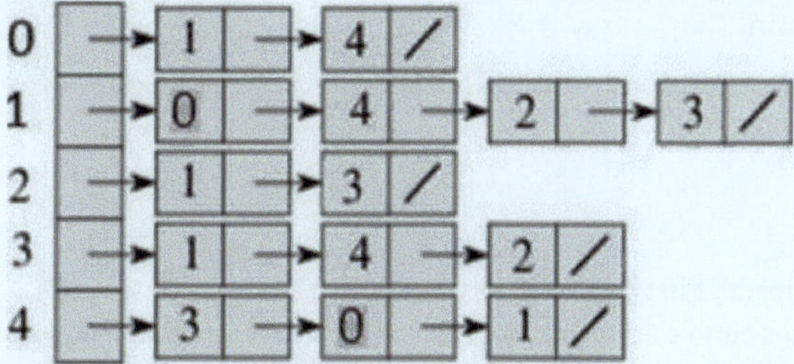

FIGURA 4.12: Representação da lista de adjacência do gráfico acima

4.3 Primeira travessia de largura de um grafo

A Breadth First Traversal (ou Search) para um grafo é semelhante à Breadth First Traversal de uma árvore. O único senão é que, ao contrário das árvores, os grafos podem conter ciclos, pelo que podemos chegar ao mesmo nó novamente. Para evitar processar um nó mais de uma vez, usamos um array booleano visitado.

Por exemplo, no gráfico seguinte, começamos a percorrer a partir do vértice 2. Quando chegamos ao vértice 0, procuramos todos os vértices adjacentes a ele. 2 também é um vértice adjacente de 0. Se não marcarmos os vértices visitados, então 2 será processado novamente e tornar-se-á um processo sem fim. A primeira travessia em largura do grafo seguinte é 2, 0, 3, 1.

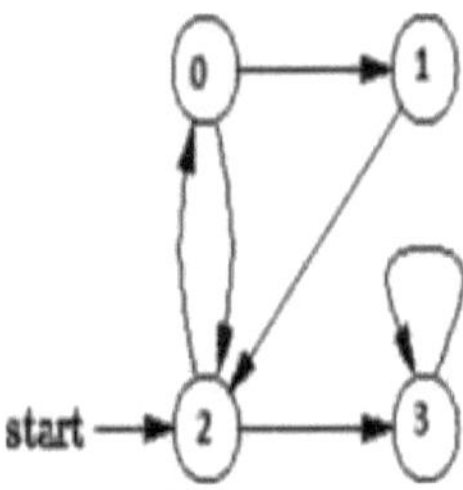

FIGURA 4.13: Breadth First Traversal para um gráfico

Algoritmo: Pesquisa transversal de largura de banda
BFS(V, E, s)
para cada u em V {s}
do color[u] WHITE
d[u] infinito
[u] NIL cor[s]
CINZA d[s] 0
[5] NIL
Q {}
ENQUEUE(Q, s)
enquanto Q não é vazio
do u DEQUEUE(Q)
para cada v adjacente a u
do if cor[v] BRANCO
então cor[v] CINZA
d[v] d[u] + 1
[v] u
ENQUEUE(Q, v)
DEQUEUE(Q)
cor[u] PRETO
Aplicações do Breadth First Traversal

1) Caminho mais curto e árvore de extensão mínima para um grafo não ponderado Num grafo não ponderado, o caminho mais curto é o caminho com o menor número de arestas. Com Breadth First, chegamos sempre a um vértice a partir de uma dada origem utilizando o número mínimo de arestas. Além disso, no caso de grafos não ponderados, qualquer árvore de extensão é uma árvore de extensão mínima e podemos utilizar a travessia em profundidade ou em largura para encontrar uma árvore de extensão.
2) Redes ponto a ponto. Nas redes ponto a ponto, como a BitTorrent, é utilizada a pesquisa Breadth First para encontrar todos os nós vizinhos.
3) Crawlers nos motores de busca: Os rastreadores constroem o índice usando o Bread First. A ideia é começar na página de origem e seguir todas as hiperligações a partir da origem e continuar a fazer o mesmo. O Depth First Traversal também pode ser utilizado para os crawlers, mas a vantagem do Breadth First Traversal é que a profundidade ou os níveis da árvore construída podem ser limitados.
4) Sítios Web de redes sociais: Nas redes sociais, podemos encontrar pessoas a uma determinada distância "k" de uma pessoa utilizando a Breadth First Search até aos níveis "k".

5) Sistemas de navegação GPS: A pesquisa de amplitude é utilizada para encontrar todas as localizações vizinhas.

6) Difusão em rede: Nas redes, um pacote difundido segue o método Breadth First Search para chegar a todos os nós.

7) Na recolha de lixo: O Breadth First Search é utilizado na cópia da recolha de lixo utilizando o algoritmo de Cheney.

8) Deteção de ciclos em grafos não direcionados: Em grafos não direcionados, pode ser utilizada a Pesquisa em largura ou a Pesquisa em profundidade para detetar ciclos. No grafo direcionado, só pode ser utilizada a pesquisa em profundidade.

9) Algoritmo de Ford-Fulkerson No algoritmo de Ford-Fulkerson, podemos utilizar a passagem Breadth First ou Depth First para encontrar o fluxo máximo. O Breadth First Traversal é preferido porque reduz a complexidade temporal do pior caso para O(VE2).

10) Para testar se um grafo é bipartido, podemos usar Breadth First ou Depth First Traversal.

11) Localização de caminhos Podemos utilizar o Breadth First ou o Depth First Traversal para descobrir se existe um caminho entre dois vértices.

12) Encontrar todos os nós dentro de um componente ligado: Podemos utilizar o Breadth First ou o Depth First Traversal para encontrar todos os nós acessíveis a partir de um determinado nó.

4.4 Profundidade da primeira travessia de um gráfico

O Depth First Traversal (ou Search) para um grafo é semelhante ao Depth First Traversal de uma árvore. O único problema é que, ao contrário das árvores, os grafos podem conter ciclos, portanto, podemos chegar ao mesmo nó novamente. Para evitar processar um nó mais de uma vez, usamos um array booleano visitado. Por exemplo, no grafo seguinte, iniciamos a travessia a partir do vértice 2. Quando chegamos ao vértice 0, procuramos todos os vértices adjacentes a ele. 2 também é um vértice adjacente de 0. Se não marcarmos os vértices visitados, então 2 será processado novamente e tornar-se-á um processo não-terminante. A primeira travessia em profundidade do seguinte grafo é 2, 0, 1, 3

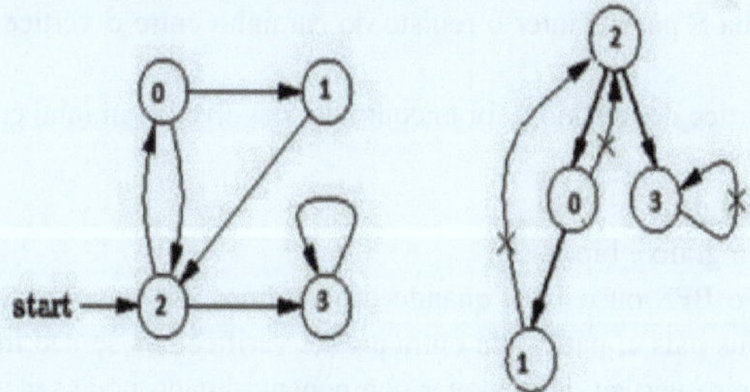

FIGURA 4.14: Profundidade da primeira travessia de um gráfico

4.4.1 Algoritmo de pesquisa em profundidade (Depth-First Search)

O DFS forma uma floresta depth-first composta por mais do que uma árvore depth-first. Cada árvore é composta por arestas (u, v) de tal forma que u é cinzento e v é branco quando a aresta (u, v) é explorada. O seguinte pseudocódigo para o DFS utiliza um registo de tempo global.

DFS (V, E)

para cada vértice u em V[G]

do color[u] WHITE

[u] NULO
tempo 0 para cada vértice u em V[G]
do if cor[u] BRANCO
então DFS-Visit(u)
DFS-Visita(u)
cor[u] CINZA
tempo tempo + 1
d[u] tempo
para cada vértice v adjacente a u
do if cor[v] BRANCO
então [v] u
DFS-Visita(v)
cor[u] PRETO
tempo tempo + 1
f[u] tempo

4.5 Aplicações da pesquisa em profundidade

A pesquisa em profundidade (DFS) é um algoritmo (ou técnica) para percorrer um grafo. Seguem-se os problemas que utilizam o DFS como um bloco de construção.

1) Para um grafo não ponderado, a travessia DFS do grafo produz a árvore de extensão mínima e a árvore do caminho mais curto de todos os pares.

2) Detetar um ciclo num gráfico

Um grafo tem ciclo se e só se virmos uma aresta posterior durante a DFS. Portanto, podemos executar o DFS para o grafo e verificar se há arestas de retorno. (Veja isto para detalhes)

3) Procura de caminhos

Podemos especializar o algoritmo DFS para encontrar um caminho entre dois vértices dados u e z.

i) Chamar DFS(G, u) com u como vértice inicial.

ii) Utilize uma pilha S para manter o registo do caminho entre o vértice inicial e o vértice atual.

iii) Assim que o vértice de destino z for encontrado, devolve o caminho como o conteúdo da pilha

4) Ordenação topológica

5) Para testar se um grafo é bipartido

Podemos aumentar o BFS ou o DFS quando descobrimos um novo vértice, colorindo-o de forma oposta aos seus pais e, para cada outra aresta, verificamos se não liga dois vértices da mesma cor. O primeiro vértice de qualquer componente ligado pode ser vermelho ou preto! Veja isto para mais pormenores.

6) Encontrando componentes fortemente conectados de um grafo Um grafo direcionado é chamado de fortemente conectado se houver um caminho de cada vértice no grafo para todos os outros vértices. (Veja isto para DFS baseado também para encontrar componentes fortemente conectados)

Programa em C para implementar o Graph Traversal

(a) Primeira travessia em largura

(b) Primeira travessia em profundidade

A pesquisa DFS começa a partir do nó raiz e depois atravessa o nó filho esquerdo e continua, se o item for encontrado pára, caso contrário continua. A vantagem do DFS é que requer menos memória do que o Breadth First Search (BFS).

```
# dado gráfico dado
from colecções import defaultdict
# Esta classe representa um grafo direcionado utilizando
# representação da lista de adjacência
classe Graph: # Construtor
def __init_(self):
# dicionário predefinido para armazenar o gráfico
self.graph = defaultdict(list)
# função para adicionar uma aresta ao grafo
def addEdge(self,u,v):
self.graph[u].append(v)
# Uma função utilizada pelo DFS
def DFSUtil(self,v,visited):
# Marca o nó atual como visitado e imprime-o
visitado[v]= Verdadeiro
imprimir (v),
# Recorremos a todos os vértices adjacentes a este vértice
para i em self.graph[v]:
se visitado[i] == Falso:
self.DFSUtil(i, visitado)
# A função para fazer a travessia DFS. Utiliza
# DFSUtil() recursivo
def DFS(self,v):
# Marcar todos os vértices como não visitados
visitado = [Falso]*(len(self.graph))
# Chamar a função auxiliar recursiva para imprimir
# Travessia DFS
self.DFSUtil(v,visited)
# Código do condutor
# Criar o gráfico apresentado no diagrama acima
g = Gráfico()
g.addEdge(0, 1)
g.addEdge(0, 2)
g.addEdge(1, 2)
g.addEdge(2, 0)
g.addEdge(2, 3)
g.addEdge(3, 3)
print ("Segue-se a DFS de (a partir do vértice 2)")
g.DFS(2)
# Programa para imprimir a travessia BFS a partir de uma dada fonte
# vértice. BFS(int s) percorre os vértices alcançáveis
# de s.
from colecções import defaultdict
# Esta classe representa um grafo direcionado utilizando a adjacência
```

```
#   representação em lista
gráfico de classe:
#   Construtor
def __init_(self):
#   dicionário predefinido para armazenar o gráfico self.graph = defaultdict(list)
#   função para adicionar uma aresta ao grafo
def addEdge(self,u,v):
self.graph[u].append(v)
#   Função para imprimir uma BFS do gráfico
def BFS(self, s):
#   Marcar todos os vértices como não visitados
visitado = [Falso]*(len(self.graph))
#   Criar uma fila de espera para BFS
fila = []
#   Marca o nó de origem como visitado e coloca-o em fila de espera queue.append(s)
visitado[s] = Verdadeiro
enquanto a fila:
#   Retira um vértice da fila e imprime-o
s = queue.pop(0)
imprimir (s)
#   Obtém todos os vértices adjacentes da fila de espera
#   vértice s. Se um adjacente não tiver sido visitado,
#   depois marcá-lo como visitado e colocá-lo em fila de espera
para i em self.graph[s]:
se visitado[i] == Falso:
fila.append(i)
visitado[i] = Verdadeiro
#   Código do condutor
#   Criar o gráfico apresentado no diagrama acima
g = Gráfico()
g.addEdge(0, 1)
g.addEdge(0, 2)
g.addEdge(1, 2)
g.addEdge(2, 0)
g.addEdge(2, 3)
g.addEdge(3, 3)
print ("Segue-se a primeira travessia em largura (a partir do vértice 2)")
g.BFS(2)
```

Capítulo 5

ÁRVORES BINÁRIAS E HASHING

Resultados do curso

Após a conclusão bem-sucedida deste módulo, os alunos devem ser capazes de

CO 1	**Construir** programas sobre a execução de operações em estruturas de dados lineares e não lineares para a organização de dados	Aplicar
CO 2	**Utilizar** estruturas de dados lineares e estruturas de dados não lineares para resolver aplicações em tempo real.	Aplicar
CO 3	**Descrever** técnicas de hashing e métodos de resolução de colisões para aceder eficazmente aos dados no que respeita ao desempenho.	Compreender
CO 4	**Comparar** vários tipos de estruturas de dados em termos de implementação, operações e desempenho.	Analisar

5.1 Árvores de pesquisa binária

Um tipo especial importante de árvore binária é a árvore de pesquisa binária (BST). Numa BST, cada nó armazena alguma informação, incluindo um valor-chave único, e talvez alguns dados associados. Uma árvore binária é uma BST se, para cada nó n da árvore:

- Todas as chaves na subárvore esquerda de n são inferiores à chave em n, e
- Todas as chaves da subárvore direita de n são maiores do que a chave em n.

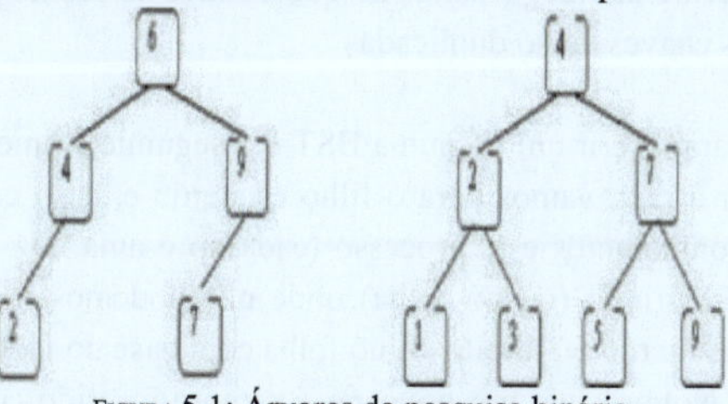

FIGURA 5.1: Árvores de pesquisa binária

Por outras palavras, as árvores de pesquisa binárias são árvores binárias em que todos os valores na subárvore esquerda do nó são inferiores ao valor do nó e todos os valores na subárvore direita do nó são superiores ao valor do nó.

Aqui estão alguns BSTs em que cada nó armazena apenas uma chave inteira:

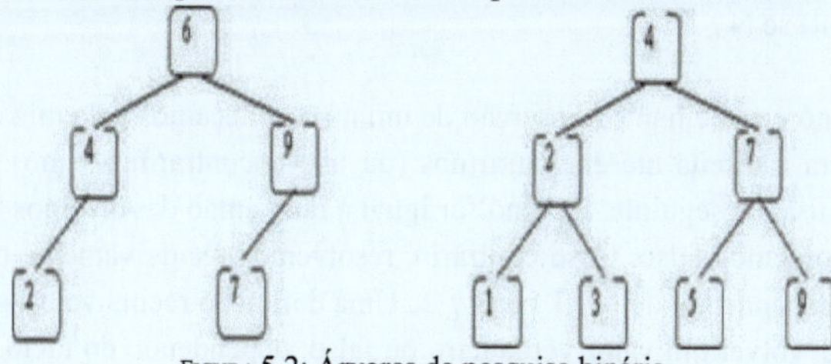

FIGURA 5.2: Árvores de pesquisa binária

Não se trata de BST:

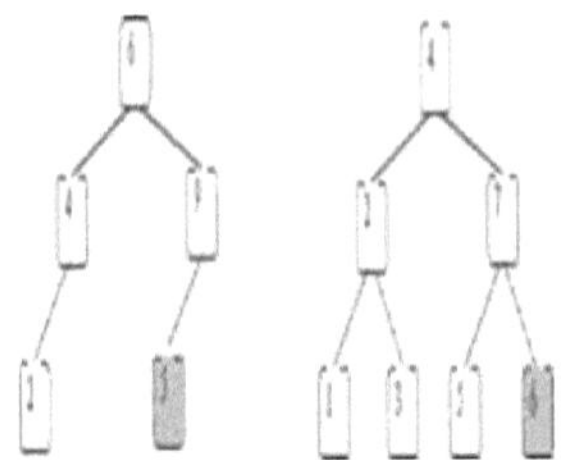

FIGURA 5.3: Complexidades temporais de vários algoritmos

Na esquerda, 5 não é maior que 6. Na direita, 6 não é maior que 7. A razão pela qual as árvores de pesquisa binária são importantes é que as seguintes operações podem ser implementadas eficientemente usando uma BST:

- inserir um valor-chave
- determinar se um valor-chave está na árvore
- remover um valor-chave da árvore
- imprimir todos os valores-chave por ordem ordenada

Vamos ilustrar o que acontece utilizando o seguinte BST:

Propriedades e operações:

Uma BST é uma árvore binária de nós ordenados da seguinte forma:

1. Cada nó contém uma chave (também única)
2. As chaves na subárvore esquerda são ¡ (menos) do que a chave no seu nó pai
3. As chaves na subárvore direita ¿ (maior) do que a chave no seu nó pai
4. Não são permitidas chaves de nó duplicadas.

Inserção de um nó

Um algoritmo nativo para inserir um nó numa BST é o seguinte: começamos no nó raiz, se o nó a inserir for inferior à raiz, vamos para o filho esquerdo e, caso contrário, vamos para o filho direito da raiz. Continuamos este processo (cada nó é uma raiz de uma subárvore) até encontrarmos um ponteiro nulo (ou nó folha) onde não podemos ir mais longe. Inserimos então o nó como filho esquerdo ou direito do nó folha com base no facto de o nó ser menor ou maior que o nó folha. Note-se que um novo nó é sempre inserido como um nó folha. Um algoritmo recursivo para inserir um nó numa BST é o seguinte. Suponha que inserimos um nó N na árvore T. Se a árvore estiver vazia, devolvemos o novo nó N à árvore. Caso contrário, o problema da inserção reduz-se a inserir o nó N na sub-árvore esquerda ou direita de T, dependendo do facto de N ser menor ou maior que T. A definição é a seguinte

Insert(N, T) = N se T estiver vazio = insert(N, T.left) se N ¡ T

= inserir(N, T.right) se N ¿ T

Procura de um nó

A procura de um nó é semelhante à inserção de um nó. Começamos pela raiz e seguimos para a esquerda ou para a direita até encontrarmos (ou não encontrarmos o nó). Uma definição recursiva de pesquisa é a seguinte. Se o nó for igual à raiz, então devolvemos verdadeiro. Se a raiz for nula, devolvemos falso. Caso contrário, resolvemos recursivamente o problema para T.left ou T.right, dependendo de N ¡ T ou N ¿ T. Uma definição recursiva é a seguinte

A pesquisa deve devolver um valor verdadeiro ou falso, dependendo do facto de o nó ter sido encontrado ou não.

Procurar(N, T) = falso se T estiver vazio

= verdadeiro se T = N

= search(N, T.left) se N ¡ T
= search(N, T.right) se N ¿ T
Eliminar um nó

Uma BST é uma estrutura ligada. Ou seja, todos os nós de uma árvore estão ligados a algum outro nó. Por exemplo, cada nó tem um pai, a menos que o nó seja a raiz. Assim, a eliminação de um nó pode afetar todas as sub-árvores desse nó. Por exemplo, a eliminação do nó 5 da árvore pode resultar na perda de sub-árvores com raízes em 1 e 9.

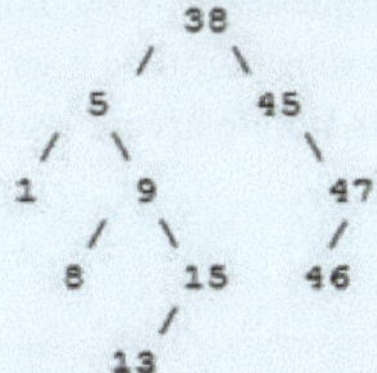

FIGURA 5.4: Eliminação de um nó

Por isso, temos de ter cuidado com a eliminação de nós de uma árvore. A melhor maneira de lidar com a eliminação parece ser considerar casos especiais. E se o nó a eliminar for um nó folha? E se o nó for um nó com apenas um filho? E se o nó for um nó interno (com dois filhos). Este último caso é o mais difícil de resolver. Mas vamos encontrar uma forma de lidar com esta situação também.

Caso 1 : O nó a eliminar é um nó folha

Este é um caso muito fácil. Basta eliminar o nó 46. Está feito

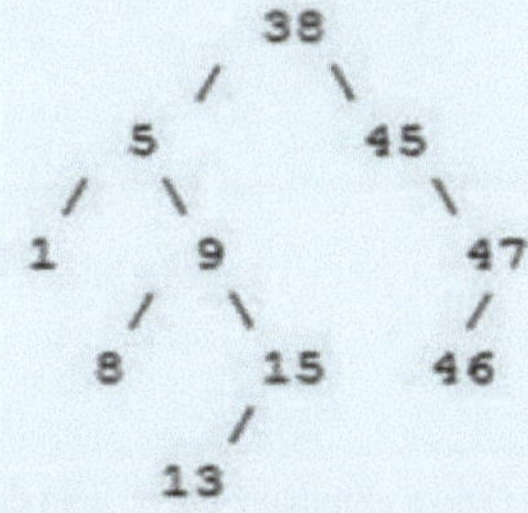

FIGURA 5.5: o nó a eliminar é um nó folha

Caso 2 : O nó a eliminar é um nó com um filho. Este caso também não é muito mau. Se o nó a eliminar for um filho esquerdo do pai, então ligamos o ponteiro esquerdo do pai (do nó eliminado) ao filho único. Caso contrário, se o nó a eliminar for um filho direito do pai, então ligamos o ponteiro direito do pai (do nó eliminado) ao filho único.

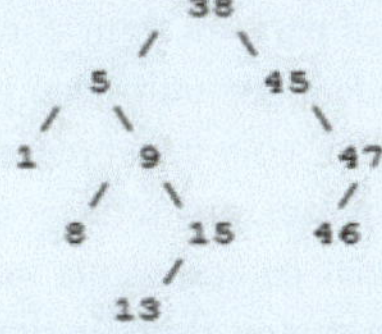

FIGURA 5.6: o nó a eliminar é um nó com um filho.

Caso 3: O nó a eliminar é um nó com dois filhos Este é um caso difícil, pois temos de lidar com duas sub-árvores. Mas encontramos uma forma fácil de o resolver. Primeiro, encontramos um nó de substituição (a partir de um nó folha ou de nós com um filho) para o nó a ser eliminado. Temos de o fazer mantendo a propriedade de ordem BST. Em seguida, trocamos o nó folha ou o nó com um filho com o nó a eliminar (trocamos os dados) e eliminamos o nó folha ou o nó com um filho (caso 1 ou caso 2)

O problema seguinte é encontrar um nó folha de substituição para o nó a ser eliminado. Podemos encontrá-lo facilmente da seguinte forma. Se o nó a ser eliminado for N, então encontre o maior nó na sub-árvore esquerda de N ou o menor nó na sub-árvore direita de N. Estes são dois candidatos que podem substituir o nó a ser eliminado sem perder a propriedade de ordem. Por exemplo, considere a seguinte árvore e suponha que precisamos de eliminar a raiz 38.

FIGURA 5.7: O nó a eliminar é um nó com dois filhos

De seguida, encontramos o nó maior da sub-árvore da esquerda (15) ou o nó mais pequeno da sub-árvore da direita (45) e substituímos a raiz por esse nó e, em seguida, eliminamos esse nó. O conjunto de imagens seguinte demonstra este processo. Vejamos quando eliminamos o nó 13 da árvore

FIGURA 5.8: O nó a eliminar é um nó com dois filhos

5.2 Árvores de pesquisa equilibrada

Uma árvore de pesquisa binária auto-equilibrada (ou equilibrada em termos de altura) é uma árvore de pesquisa binária baseada em nós que mantém automaticamente a sua altura (número máximo de níveis abaixo da raiz) reduzida face a inserções e eliminações arbitrárias de itens. A árvore vermelho-preto, que é um tipo de árvore de pesquisa binária auto-equilibrada, foi designada por árvore B binária simétrica. As árvores de pesquisa binárias auto-equilibradas podem ser utilizadas de forma natural para construir e manter listas ordenadas, como as filas de espera prioritárias. Também podem ser utilizadas para matrizes associativas; os pares chave-valor são simplesmente inseridos com uma ordenação baseada apenas na chave. Nesta capacidade, os BST auto-balanceados têm uma série de vantagens e desvantagens em relação ao seu principal concorrente, as tabelas de hash. Uma vantagem dos BST auto-balanceados é que permitem uma enumeração rápida (de facto, assimptoticamente óptima) dos itens por ordem de chave, o que as tabelas de hash não permitem. Uma desvantagem é o facto de os seus algoritmos de pesquisa se tornarem mais complicados quando podem existir vários itens com a mesma chave. Os BSTs auto-balanceados têm melhor desempenho de pesquisa no pior caso do que as tabelas de hash (O(log n) em comparação com O(n)), mas têm pior desempenho no caso médio (O(log n) em comparação com O(1)). Os BSTs com auto-equilíbrio podem ser utilizados para implementar qualquer algoritmo que requeira listas ordenadas mutáveis, para obter um desempenho assintótico ótimo no pior caso. Por exemplo, se a ordenação de árvores binárias for implementada com um BST auto-equilibrado, temos um algoritmo de ordenação O(n log n) muito simples de descrever, mas assimptoticamente ótimo. Do mesmo modo, muitos algoritmos em geometria computacional exploram variações de BSTs auto-equilibrados para resolver problemas como o problema da intersecção de segmentos de reta e o problema da localização do ponto de forma eficiente. (No entanto, para um desempenho médio, os BSTs auto-equilibrados podem ser menos eficientes do que outras soluções. A ordenação em árvore binária, em particular, é suscetível de ser mais lenta do que a ordenação por fusão, a ordenação rápida ou a ordenação em heaps, devido à sobrecarga de balanceamento da árvore, bem como aos padrões de acesso à cache).

As BSTs auto-balanceadas são estruturas de dados flexíveis, na medida em que é fácil estendê-las para registar eficientemente informações adicionais ou efetuar novas operações. Por exemplo, é possível registar o número de nós em cada subárvore com uma determinada propriedade, o que permite contar o número de nós num determinado intervalo de chaves com essa propriedade em tempo O(log n). Estas extensões podem ser utilizadas, por exemplo, para otimizar consultas a bases de dados ou outros algoritmos de processamento de listas.

5.2.1 Árvores AVL

Uma árvore AVL é outra árvore de pesquisa binária equilibrada. Batizada com o nome dos seus inventores, Adelson-Velskii e Landis, foi a primeira árvore balanceada dinamicamente a ser proposta. Tal como as árvores vermelho-preto, não são perfeitamente equilibradas, mas os pares de sub-árvores diferem em altura no máximo em 1, mantendo um tempo de pesquisa O(logn). As operações de adição e exclusão também levam tempo O(logn).

Definição de uma árvore AVL: Uma árvore AVL é uma árvore de pesquisa binária que tem as seguintes propriedades:

1. As sub-árvores de cada nó diferem em altura no máximo por um.
2. Cada sub-árvore é uma árvore AVL.

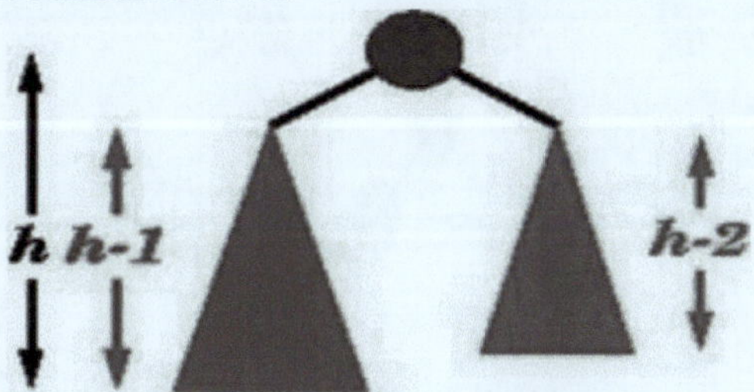

FIGURA 5.9: Árvores AVL

Não, esta não é uma árvore AVL. A sub-árvore com raiz 8 tem altura 4 e a sub-árvore com raiz 18 tem altura 2.

Uma árvore AVL implementa o tipo de dados abstrato Map tal como uma árvore de pesquisa binária normal, a única diferença está na forma como a árvore funciona. Para implementar a nossa árvore AVL, precisamos de manter o registo de um fator de equilíbrio para cada nó da árvore. Fazemos isso observando as alturas das subárvores esquerda e direita de cada nó. Mais formalmente, definimos o fator de equilíbrio de um nó como a diferença entre a altura da subárvore esquerda e a altura da subárvore direita.

balanceFactor=altura(leftSubTree)altura(rightSubTree)

Usando a definição de fator de equilíbrio dada acima, dizemos que uma subárvore é pesada à esquerda se o fator de equilíbrio for maior que zero. Se o fator de equilíbrio for menor que zero, então a subárvore é pesada à direita. Se o fator de equilíbrio for zero, então a árvore está perfeitamente equilibrada. Para implementar uma árvore AVL e obter o benefício de ter uma árvore equilibrada, definiremos uma árvore como estando em equilíbrio se o fator de equilíbrio for -1, 0 ou 1. Se o fator de equilíbrio de um nó de uma árvore estiver fora deste intervalo, será necessário um procedimento para repor o equilíbrio da árvore. A figura mostra um exemplo de uma árvore desequilibrada, com peso à direita, e os factores de equilíbrio de cada nó.

5.2.2 Propriedades das árvores AVL

As árvores AVL são idênticas às árvores de pesquisa binárias normais, exceto que, para cada nó de uma árvore AVL, a altura das subárvores esquerda e direita pode diferir no máximo em 1 (Weiss, 1993, p:108). As árvores AVL são árvores HB-k (árvores de altura equilibrada de ordem k) de ordem HB-1.

A fórmula do diferencial de altura é a seguinte:

Ao armazenar uma árvore AVL, deve ser adicionado um campo a cada nó com um de três valores: 1, 0 ou -1. Um valor de 1 neste campo significa que a subárvore esquerda tem uma altura um pouco maior do que a subárvore direita. Um valor de -1 indica o oposto. Um valor de 0 indica que as alturas de ambas as subárvores são as mesmas. As actualizações das árvores AVL requerem até rotações, enquanto a atualização das árvores vermelho-preto pode ser feita utilizando apenas uma ou duas rotações (até às mudanças de cor). Por este motivo, estas (árvores AVL) são consideradas um pouco obsoletas por alguns.

5.2.3 Árvores AVL esparsas

As árvores AVL esparsas são definidas como árvores AVL de altura h com o menor número possível de nós. A Figura 3 mostra árvores AVL esparsas de alturas 0, 1, 2 e 3.

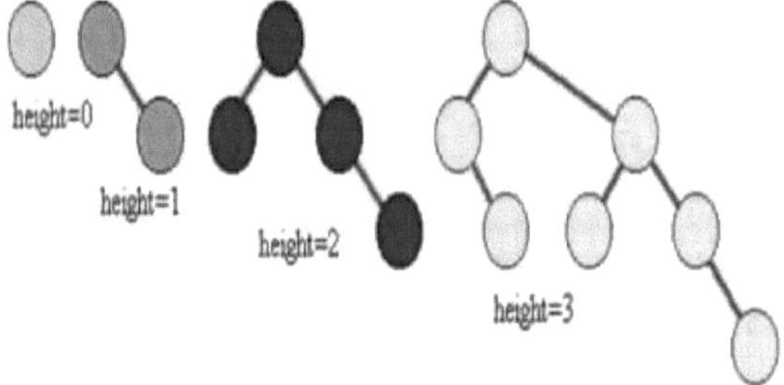

FIGURA 5.10: Estrutura de uma árvore AVL

5.3 Introdução às árvores de pesquisa M-Way

Uma árvore multi-vias é uma árvore que pode ter mais do que dois filhos. Uma árvore multi-vias de ordem m (ou uma árvore m-vias) é aquela em que uma árvore pode ter m filhos.

Tal como nas outras árvores que foram estudadas, os nós de uma árvore de m vias serão constituídos por campos-chave, neste caso m-1 campos-chave, e apontadores para os filhos.

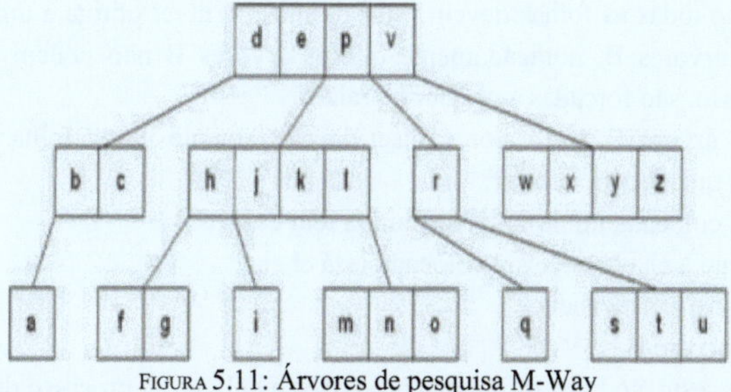

FIGURA 5.11: Árvores de pesquisa M-Way

Para facilitar o processamento de árvores m-way, será imposto algum tipo de ordem às chaves dentro de cada nó, resultando numa árvore de pesquisa multi-way de ordem m (ou uma árvore de pesquisa m-way). Por definição, uma árvore de pesquisa m-way é uma árvore m-way em que:

- Cada nó tem m filhos e m-1 campos-chave
- As chaves em cada nó estão por ordem ascendente.
- As chaves dos primeiros i filhos são mais pequenas do que a i-ésima chave
- As chaves dos últimos m-i filhos são maiores do que a i-ésima chave

Árvore de pesquisa de 4 vias

As árvores de pesquisa M-way dão às árvores m-way as mesmas vantagens que as árvores de pesquisa binárias deram às árvores binárias - permitem uma recuperação e atualização rápidas da informação. No entanto, também têm os mesmos problemas que as árvores de pesquisa binárias - podem tornar-se desequilibradas, o que significa que a construção da árvore se torna de importância vital.

5.4 Árvores B:

Uma extensão de uma árvore de pesquisa multidirecional de ordem m é uma árvore B de ordem m. Este tipo de árvore é utilizado quando os dados a aceder/armazenar estão localizados em dispositivos de armazenamento secundário, uma vez que permite armazenar grandes quantidades de dados num nó.

Uma árvore B de ordem m é uma árvore de pesquisa multi-vias na qual:

1. A raiz tem pelo menos duas subárvores, a não ser que seja o único nó da árvore.
2. Cada nó não-raiz e cada nó não-folha tem no máximo m filhos não-vazios e pelo menos m/2 filhos não-vazios.
3. O número de chaves em cada nó não raiz e em cada nó não folha é um a menos que o número de seus filhos não vazios.
4. Todas as folhas estão ao mesmo nível.

Estas restrições fazem com que as árvores B estejam sempre pelo menos meio cheias, tenham poucos níveis e permaneçam perfeitamente equilibradas.

5.4.1 Pesquisar uma árvore B

Um algoritmo para encontrar uma chave numa árvore B é simples. Começar na raiz e determinar o ponteiro a seguir com base numa comparação entre o valor de pesquisa e os campos chave no nó raiz. Seguir o ponteiro apropriado para um nó filho. Examine os campos-chave no nó filho e continue a seguir os ponteiros apropriados até encontrar o valor de pesquisa ou chegar a um nó folha que não contenha o valor de pesquisa desejado.

Inserção numa árvore B

A condição de que todas as folhas devem estar no mesmo nível obriga a um comportamento caraterístico das árvores B, nomeadamente que as árvores B não podem crescer nas suas folhas; em vez disso, são forçadas a crescer na raiz.
Ao inserir numa árvore B, um valor é inserido diretamente numa folha. Isto leva a três situações comuns que podem ocorrer:

1. Uma chave é colocada numa folha que ainda tem espaço.
2. A folha em que a chave deve ser colocada está cheia.
3. A raiz da árvore B está cheia.

Eliminar de uma árvore B
Como de costume, este é o mais difícil dos processos a aplicar. O processo de eliminação será basicamente uma inversão do processo de inserção - em vez de dividir os nós, é possível que os nós sejam fundidos para que as propriedades da árvore B, nomeadamente o requisito de que um nó deve estar pelo menos meio cheio, possam ser mantidas.
Há dois casos principais a considerar:

1. Eliminação de uma folha
2. Eliminação de uma não-folha

5.5 Hashing e colisão

O hashing é a técnica utilizada para efetuar pesquisas em tempo quase constante em caso de inserção, eliminação e operação de pesquisa. Tomando um exemplo muito simples, uma matriz com o seu índice como chave é o exemplo de uma tabela de hash. Assim, cada índice (chave) pode ser utilizado para aceder ao valor num tempo de pesquisa constante. Esta chave de mapeamento deve ser simples de calcular e deve ajudar a identificar o valor associado. A função que nos ajuda a gerar este tipo de mapeamento chave-valor é conhecida como Função Hash.
Num sistema de hashing, as chaves são armazenadas numa matriz que se designa por Tabela de Hash. Uma tabela de hash perfeitamente implementada prometeria sempre um tempo médio de inserção/eliminação/recuperação de O(1).

5.5.1 Função de hashing

Uma função que utiliza um algoritmo para calcular a chave K para todos os elementos de dados no conjunto U, de modo a que a chave K tenha um tamanho fixo. A mesma chave K pode ser utilizada para mapear dados para uma tabela de hash e todas as operações como inserção, eliminação e pesquisa devem ser possíveis. Os valores devolvidos por uma função de hash são também designados por valores de hash, códigos de hash, somas de hash ou hashes.
Colisão de Hash:
na tabela hash, designa-se por colisão de hash. Nessa situação, dois ou mais elementos de dados podem ser armazenados/mapeados para a mesma localização na tabela de hash.

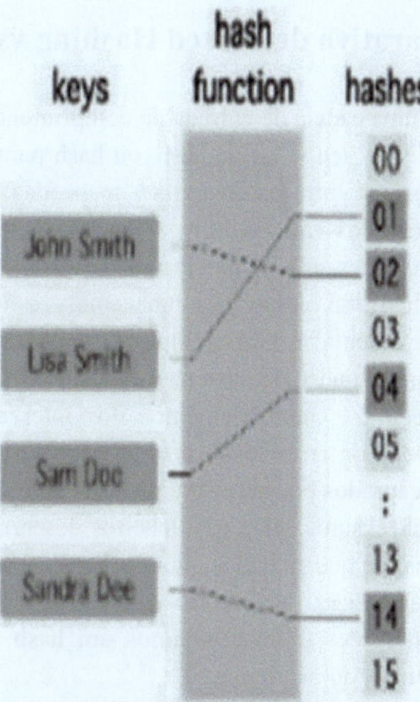

FIGURA 5.12: Função de hashing

Técnicas de resolução de colisões por hash:

Open Hashing (encadeamento separado):

O Open Hashing é uma técnica em que os dados não são armazenados diretamente no índice da chave de hash (k) da tabela de hash. Em vez disso, os dados no índice da chave (k) na tabela de hash são um ponteiro para a cabeça da estrutura de dados onde os dados estão efetivamente armazenados. Nas implementações mais simples e comuns, a estrutura de dados adoptada para armazenar o elemento é uma lista ligada.

Nesta técnica, quando um dado precisa de ser pesquisado, pode ser necessário (no pior dos casos) percorrer todos os nós da lista ligada para recuperar o dado.

Note-se que a ordem pela qual os dados são armazenados em cada uma destas listas ligadas (ou noutras estruturas de dados) se baseia completamente nos requisitos de implementação. Alguns dos critérios mais comuns são a ordem de inserção, a frequência de acesso, etc.

5.6 Hash fechado (endereçamento aberto)

Nesta técnica, é considerada uma tabela de hash com um tamanho pré-identificado. Todos os itens são armazenados na própria tabela hash. Para além dos dados, cada balde da tabela hash mantém também os três estados: VAZIO, OCUPADO, APAGADO. Durante a inserção, se ocorrer uma colisão, são tentadas células alternativas até se encontrar um balde vazio. Para isso, é adoptada uma das seguintes técnicas.

1. Sondagem de revestimento
2. Sondagem quadrática
3. Duplo hashing (em suma, em caso de colisão, é utilizada outra função de hashing com o valor da chave como entrada para identificar onde, no esquema de endereçamento aberto, os dados devem ser efetivamente armazenados).

5.7 Uma análise comparativa de Closed Hashing vs Open Hashing

Aplicações de Hashing:

Uma função de hash mapeia uma cadeia de entrada de comprimento variável para uma cadeia de saída de comprimento fixo - o seu valor de hash, ou hash para abreviar. Se a entrada for maior que a saída, então algumas entradas devem ser mapeadas para a mesma saída - uma colisão de hash. A comparação dos valores de hash de duas entradas pode dar-nos uma de duas respostas: as entradas não são definitivamente as mesmas, ou existe a possibilidade de serem as mesmas. O hashing, tal como o conhecemos, é utilizado para melhorar o desempenho, verificar erros e autenticar. Um exemplo de melhoria de desempenho é a tabela de hash comum, que utiliza uma função de hash para indexar o intervalo correto na tabela de hash, comparando em seguida cada elemento do intervalo para encontrar uma correspondência. Na verificação de erros, os hashes (checksums, message digests, etc.) são utilizados para detetar erros causados por hardware ou software. Exemplos são os checksums TCP, a memória ECC e os checksums MD5 em ficheiros descarregados. Neste caso, o hash fornece uma garantia adicional de que os dados que recebemos estão corretos. Finalmente, os hashes são utilizados para autenticar mensagens. Neste caso, estamos a tentar proteger a entrada original contra adulterações e seleccionamos um hash suficientemente forte para tornar o ataque malicioso inviável ou não rentável.

- Construir um código de autenticação de mensagem (MAC)
- Assinatura digital
- Assumir compromissos, mas revelar a mensagem mais tarde
- Registo de data e hora
- Atualização da chave: a chave é submetida a hash em intervalos específicos, dando origem a uma nova chave

Bibliografia

1. **Livros:**

• Cormen, Thomas H., et al. *Introduction to Algorithms.* 3ª ed., MIT Press, 2009.

• Goodrich, Michael T., et al. *Estruturas de dados e algoritmos em Java.* 6ª ed., Wiley, 2014.

• Weiss, Mark Allen. *Estruturas de Dados e Análise de Algoritmos em C++.* 4ª ed., Pearson, 2013.

• Lafore, Robert. *Data Structures and Algorithms in Java (Estruturas de Dados e Algoritmos em Java).* 2ª ed., Sams Publishing, 2002.

• Sedgewick, Robert, e Kevin Wayne. *Algorithms.* 4ª ed., Addison-Wesley, 2011.

2. **Trabalhos de investigação:**

• Tarjan, Robert E. "Depth-first search and linear graph algorithms." *SIAM Journal on Computing*, vol. 1, n.º 2, 1972, pp. 146-160.

• Dijkstra, Edsger W. "A note on two problems in connexion with graphs." *Numerische Mathematik*, vol. 1, 1959, pp. 269-271.

• Knuth, Donald E. "The Art of Computer Programming, Volume 1: Fundamental Algorithms". Addison-Wesley, 1968.

3. **Sítios Web:**

• geeksforgeeks. "Estruturas de dados". Disponível em: https://www.geeksforgeeks.org/data- structures/

• Stack Overflow. "Estruturas de dados". Disponível em: https://stackoverflow.com/questions/tagged/data-structures

• Coursera. "Especialização em Estruturas de Dados e Algoritmos". Disponível em: https://www.coursera.org/specializations/data-structures-algorithms

4. **Cursos online:**

• "Algorithms, Part I and II" da Universidade de Princeton no Coursera. Disponível em: https://www.coursera. org/learn/ al gorithms-part 1

• "Data Structures and Performance" da Universidade da Califórnia, San Diego & National Research University Higher School of Economics no Coursera. Disponível em: https://www.coursera.org/learn/data-structures-optimizing-performance

5. **Blogues e artigos:**

• mcdowell, Gayle Laakmann. "Cracking the Coding Interview: 189 perguntas e soluções sobre programação". 6ª ed., CareerCup, 2015.

• Yegulalp, Serdar. "Estruturas de dados em Python: Dicionários, listas, conjuntos e muito mais". *InfoWorld*, Disponível em: https://www.infoworld.com/article/3443710/data-structures- in-python-dictionaries-lists-sets-and-more.html

Printed by Books on Demand GmbH, Norderstedt / Germany